Instalação Hidráulica Residencial
A Prática do Dia a Dia

Julio Cesar Pereira Salgado

Instalação Hidráulica Residencial
A Prática do Dia a Dia

1ª Edição

érica

SOMOS EDUCAÇÃO | Editora Saraiva

Av. das Nações Unidas, 7221, 1º Andar, Setor B
Pinheiros – São Paulo – SP – CEP: 05425-902

SAC | 0800-0117875
De 2ª a 6ª, das 8h00 às 18h00
www.editorasaraiva.com.br/contato

Diretoria executiva Flávia Alves Bravin
Diretoria editorial Renata Pascual Müller
Gerência editorial Rita de Cássia S. Puoço

Aquisições Fernando Alves (Coord.)
Rosana Ap. Alves dos Santos
Edição Paula Hercy Cardoso Craveiro
Rafael Henrique Lima Fulanetti
Silvia Campos Ferreira
Produção editorial Camilla Felix Cianelli Chaves
Katia Regina Pereira
Laudemir Marinho dos Santos
Serviços editoriais Juliana Bojczuk Fermino
Kelli Priscila Pinto
Marília Cordeiro

Preparação e Revisão Marlene Teresa S. Alves
Carla de Oliveira Morais
Diagramação Flávio Eugenio de Lima
Roseane Gomes Sobral
Capa Maurício S. de França

Impressão e acabamento Renovagraf

DADOS INTERNACIONAIS DE CATALOGAÇÃO NA PUBLICAÇÃO (CIP)
(CÂMARA BRASILEIRA DO LIVRO, SP, BRASIL)

Salgado, Julio Cesar Pereira
Instalação hidráulica residencial: a prática do dia a dia /
Julio Cesar Pereira Salgado. -- 1. ed. --
São Paulo: Érica, 2010.

Bibliografia
ISBN 978-85-365-0283-0

1. Instalações hidráulicas e sanitárias I. Título.

10-05880 CDD-696.1

Índices para catálogo sistemático:
1. Instalações hidráulicas residenciais 696.1
2. Instalações sanitárias residenciais 696.1

1ª edição
9ª tiragem: 2018

Autor e Editora acreditam que todas as informações aqui apresentadas estão corretas e podem ser utilizadas para qualquer fim legal. Entretanto, não existe qualquer garantia, explícita ou implícita, de que o uso de tais informações conduzirá sempre ao resultado desejado. Os nomes de sites e empresas, porventura mencionados, foram utilizados apenas para ilustrar os exemplos, não tendo vínculo nenhum com o livro, não garantindo a sua existência nem divulgação.

A Ilustração de capa e algumas imagens de miolo foram retiradas de <www.shutterstock.com>, empresa com a qual se mantém contrato ativo na data de publicação do livro. Outras foram obtidas da Coleção MasterClips/MasterPhotos© da IMSI, 100 Rowland Way, 3rd floor Novato, CA 94945, USA, e do CorelDRAW X6 e X7, Corel Gallery e Corel Corporation Samples. Corel Corporation e seus licenciadores. Todos os direitos reservados.

Todos os esforços foram feitos para creditar devidamente os detentores dos direitos das imagens utilizadas neste livro. Eventuais omissões de crédito e copyright não são intencionais e serão devidamente solucionadas nas próximas edições, bastando que seus proprietários contatem os editores.

CL 640205 CAE 585050

Dedicatória

A todos que, mesmo de forma humilde e discreta, participam anonimamente do desenvolvimento da construção civil, não medindo esforços braçais na formatação e lapidação da pedra bruta da vida.

Aos meus filhos, Thais e Lucas, que muito me incentivaram e apoiaram.

A Deus, que arquiteta todo o conhecimento humano.

"Bem sei eu que tudo podes e nenhum dos teus pensamentos pode ser impedido."

Jó 42:1

Agradecimentos

Pessoas estimadas na minha vida muito contribuíram na elaboração deste livro, principalmente os colegas de trabalho e os alunos com ideias e sugestões que muito foram aproveitadas, sem deixar de mencionar o Instituto Federal de Educação, Ciência e Tecnologia do *campus* de Caraguatatuba (SP).

Importante é também lembrar as empresas, com suas publicações, que forneceram subsídios para o enriquecimento desta obra, bem como as empresas que disponibilizaram material para a confecção deste livro, em especial a Amanco, Tigre e Aluma.

Não poderia deixar de agradecer de forma muito especial à minha esposa Ana Cristina, que pacientemente e amorosamente compartilhou de minhas indecisões e aflições para a elaboração deste importante livro.

Sumário

Capítulo 1 - Conceitos Gerais ... 15
Objetivos e competências a serem desenvolvidas ... 15
De onde vem a água? ... 15
Tratamento da água ... 17
Tratamento do esgoto ... 18
Fossas, sumidouros e valas de infiltração ... 20
Fossas ... 20
Sumidouros ... 21
Valas de infiltração ... 22
Sistemas de distribuição ... 23
Conceitos de vazão, pressão e velocidade ... 25
Golpe de aríete ... 29
Perda de carga ... 30
Pressão estática e pressão dinâmica ... 30
Exercícios ... 31

Capítulo 2 - Água Fria ... 32
Tubos e conexões ... 32
Características gerais ... 32
Pontas e bolsas ... 34
Tipos de conexões ... 34
Cuidados e precauções ... 38
Tipos de registros, válvulas e suas funções ... 39
Registro de pressão ... 39
Registro de gaveta ... 40
Torneira de boia ... 40
Registro de esfera ... 41
Válvula de descarga (ou válvula fluxível) ... 42
Torneiras ... 44
Alimentação residencial ... 45
Conceito ... 45
Hidrômetro: função e instalação ... 45
Reservatórios: tipos, colocação e instalação ... 47
Detalhes das ligações ... 48

Tubulação enterrada 51
Dilatação térmica - Lira 52
Procedimentos para a instalação 53
Ferramentas e acessórios 53
Comprimento de corte das tubulações 56
Conexões soldáveis e roscáveis 57
Posicionamento das conexões e do registro 60
Altura dos pontos para consumo 62
Conexões para Drywall 64
Cisternas e reservatórios inferiores 66
Característica e função 66
Bombas centrífugas 67
Recebimento das instalações - Testes 71
Insumos 72
Exercícios 74

Capítulo 3 - Água Quente 75
Introdução 75
Tipos de aquecimento 76
Aquecimento por passagem ou individual 76
Aquecimento central 78
Tubos e conexões 83
Procedimentos para a solda 90
CPVC (policloreto de vinila clorado) 92
Ligações mais comuns 93
Chuveiro 93
Torneiras 94
Cuidados e manutenção 95
Aquecedores 95
Gás 95
Cuidados com as tubulações e armazenagem 96
Insumos 97
Exercícios 98

Capítulo 4 - Esgoto 99
Introdução 99

Tubos e conexões 100
Procedimentos para instalação 104
Ferramentas e acessórios 104
Conexões soldáveis e com anel 104
Comprimento de corte 105
Posicionamento das conexões 106
Altura dos pontos para conexão 107
Fecho hídrico 108
Tubo de ventilação 109
Ralos sifonados 110
Ralos secos 112
Instalação dos ralos 113
Válvulas de retenção para esgoto 116
Válvulas de escoamento 116
Sifões 117
Instalação de sifão do tipo copo e suas partes 119
Caixas de inspeção e de retenção 120
Caixas de inspeção (CI) 120
Caixas de retenção 121
Caixas de passagem 122
Caixas de gordura 123
Tubulação enterrada 124
Procedimentos e cuidados 126
Insumos 127
Exercícios 128

Capítulo 5 - Novas Tecnologias 129
Introdução 129
Polipropileno copolímero random - PPR 130
PVC mineralizado 132
Sistema PEX - ponto a ponto 132
Equipamentos para corte (rasgo) em alvenaria 138

Capítulo 6 - Interpretação Básica de Projetos 141
Introdução 141
Projeto básico - Água 142

Planta baixa 142
Detalhe do reservatório 143
Detalhe do boiler 143
Interpretação 144
Legendas 145
Projeto básico - Esgoto 145
Planta baixa 145
Interpretação 148
Legendas 150
Isométricos 150
Exercícios 153

Capítulo 7 - Instalações Típicas 154
Introdução 154
Vaso sanitário 155
Pia de cozinha com sifão e caixa de gordura 155
Motobomba em cisterna 156
Lavatório com sifão 156
Lavatório de coluna 157
Chuveiro 157
Caixa de descarga para vaso sanitário 158
Bidê 159

Capítulo 8 - Informações Complementares 160
Cores nas tubulações 160
Consumo consciente da água 161
Testes de vazamentos 162
Medidas para economia da água 163

Bibliografia 167

Glossário 169

Índice Remissivo 175

Prefácio

Sabemos que as construções não são feitas somente de fundações, paredes e cobertura. Há necessidade de proporcionar aos usuários instalações que vão facilitar e proporcionar melhores condições de vida, dentre elas as instalações hidráulicas, muito necessárias dentro desse contexto.

De forma direta e prática, esta obra resume as principais atividades voltadas às instalações hidráulicas residenciais. Este assunto é amplamente divulgado, porém em obras complexas e pouco acessíveis aos profissionais que executam esse tipo de trabalho, portanto senti a necessidade de condensar os conceitos básicos de uma boa execução das instalações hidráulicas residenciais num só livro, não me valendo de dimensionamentos e de conhecimento específico para o projeto.

O conteúdo é abordado didaticamente e com linguagem bastante compreensível, mesmo para os leigos. Tem como ponto de partida a captação da água, seu tratamento e destino depois de utilizada. As diversas formas de distribuição da água nas edificações também são consideradas tanto em temperatura ambiente como nas diferentes e usuais formas de aquecimento.

Trata dos diferentes materiais utilizados nas instalações, bem como das técnicas mais comuns no dia a dia de uma execução. Fornece conhecimentos básicos e necessários para uma interpretação de projetos, com a apresentação das novas tecnologias relacionadas a materiais e sistemas de distribuição.

Traz orientações sobre o uso racional da água, o que certamente favorece a conscientização de seu uso de forma econômica.

O intuito é contribuir para que haja serviços de qualidade e uma indústria da construção civil com mão de obra cada vez mais consciente e qualificada.

Sobre o autor

Nascido na cidade de Pindamonhangaba (SP), em 1957, **Julio Salgado** possui graduação em Engenharia Civil pela Universidade de Taubaté (SP), atuando predominantemente em diversas obras voltadas à produção e à manutenção industrial, sempre à frente da execução dos serviços.

Formado em Técnico em Edificações, no ano de 1975, iniciou seu aprendizado na área da construção civil em 1974, trabalhando em obras residenciais. Em 1979, iniciou sua experiência didática no Ensino Médio e, em 2003, ingressou no Instituto Federal de Educação, Ciência e Tecnologia (antigo Centro Federal de Educação Tecnológica - CEFET) no estado de Tocantins, estando hoje na mesma rede de ensino, no *campus* de Caraguatatuba (SP).

Escreveu o livro Técnicas e Práticas Construtivas para Edificação, já na segunda edição, publicado pela Editora Érica.

1 Conceitos Gerais

Objetivos e competências a serem desenvolvidas

Este trabalho apresenta de forma simples e com bastante objetividade os conceitos básicos necessários para uma boa instalação hidráulica dentro das melhores técnicas executivas de tal forma que o serviço a ser executado possa ser garantido de forma consciente por parte do executor, o que vai proporcionar tranquilidade duradoura aos seus clientes. Importante é esclarecer que o livro não tem como propósito o dimensionamento das instalações hidráulicas, o que compete somente aos profissionais habilitados.

Passaremos a descrever as competências que um bom profissional deve adquirir para atingir os seus objetivos de apresentar um trabalho eficiente. Para isso, deve ser capaz de identificar corretamente o serviço a ser executado dentro de suas competências e ter ciência de quando deve pedir apoio a outros níveis profissionais. Ele também deve ser capaz de manusear os materiais e equipamentos de forma segura, além de ter uma visão básica da interpretação de projeto e da aplicação das normas técnicas. Neste sentido, a necessidade do respeito às medidas tanto de nível, prumo, alinhamento e posicionamento deve ser plenamente considerada.

De onde vem a água?

Primeiramente vamos relembrar o ciclo da água. O planeta é abundante desse líquido. Cerca de três quartos da superfície do planeta são cobertos por água distribuída nos rios, lagos e oceanos. A água, sob a ação do calor, evapora-se formando nuvens. Sob a ação de diferentes pressões atmosféricas e dos ventos essas nuvens se agrupam, ocasionando assim a precipitação desses vapores, ou seja, a chuva. Veja o desenho seguinte.

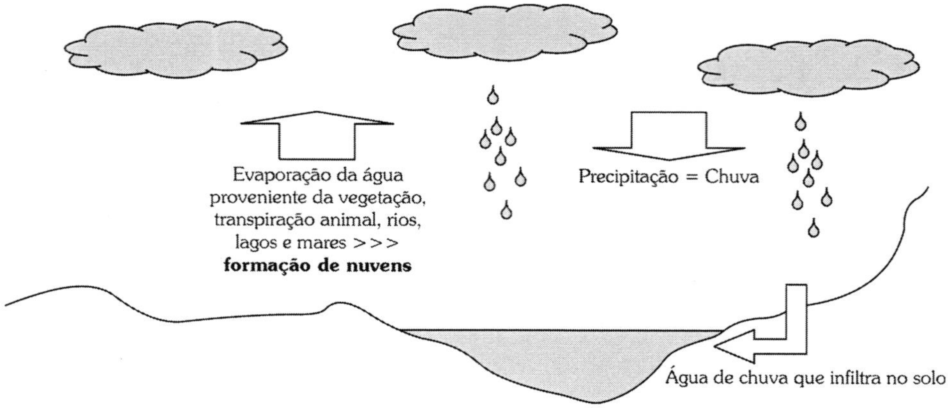

Devemos saber ainda o que significa o termo **bacia hidrográfica**. Ela pode ser entendida como uma região na qual toda a água pluvial (água das chuvas) vai ser direcionada para um curso de água (rio) e seus afluentes. Essas águas podem escorrer pelo terreno ou infiltrar-se no solo. Normalmente uma bacia hidrográfica fica delimitada por serras ou morros. Como exemplo citamos a bacia hidrográfica do Rio Paraíba do Sul que abrange o Vale do Paraíba Paulista, a Zona da Mata Mineira e boa parte do Estado do Rio de Janeiro, tendo como seu rio principal o Rio Paraíba do Sul. Veja o mapa a seguir:

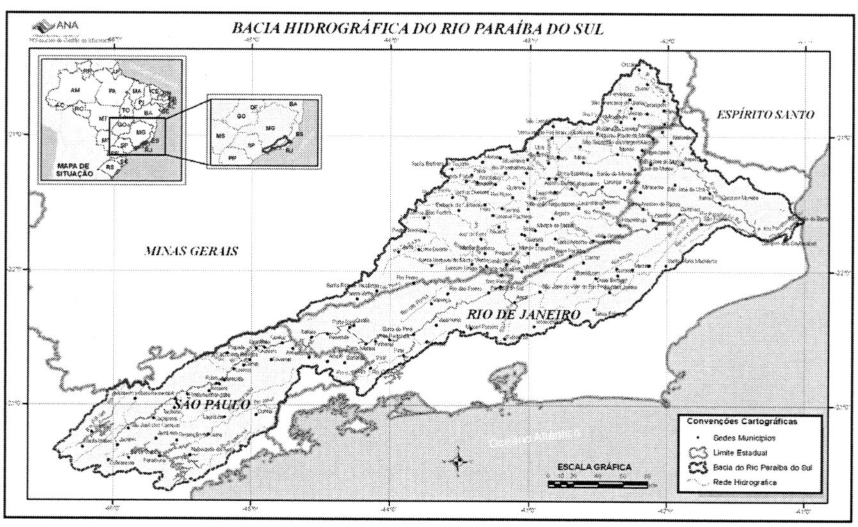

Fonte: http://www.ana.gov.br/CobrancaUso/BaciaPBS-Mapa.asp em 24/02/2010

Essas bacias, por intermédio de seus rios, podem servir de abastecimento de água às comunidades e municípios, passando normalmente por um processo de tratamento e purificação nas chamadas Estações de Tratamento de Água (ETA), sendo a água distribuída aos consumidores por meio de redes de distribuição.

Tratamento da água

Para ser consumida, a água deve passar por um processo de tratamento e purificação para retirada de tudo o que pode fazer mal à saúde dos seres humanos. Para isso é necessário que ela passe por diversas fases, desde a captação até a sua entrega às casas. Veja o esquema de explicação a seguir, adaptado de informações da Companhia de Saneamento Básico do Estado de São Paulo (Sabesp).

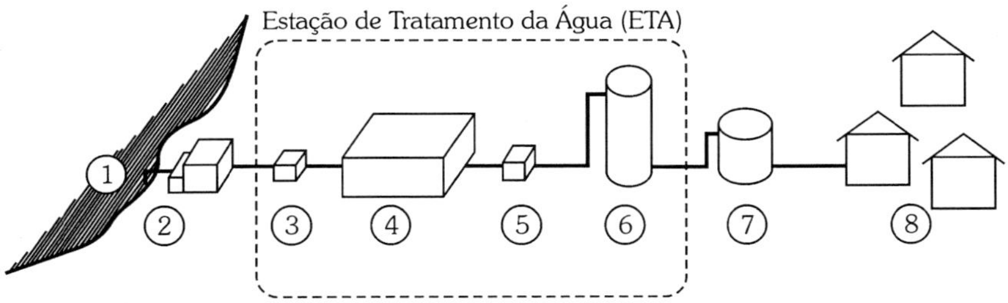

1. Represas, rios ou lagos.
2. Estação de Captação e Bombeamento.
3. Antes de a água chegar à Estação de Tratamento da Água (ETA) são adicionados os seguintes produtos:
   - **Cloro:** para facilitar a retirada de matéria orgânica e metais.
   - **Cal ou soda:** para ajustar o pH aos valores exigidos para as fases seguintes do tratamento.
4. Nesta etapa, chamada de clarificação, a água passa por três processos:
   - **Floculação:** processo em que a água recebe uma substância química chamada sulfato de alumínio. Esse produto faz com que as impurezas se aglutinem formando flocos para serem facilmente removidos.
   - **Decantação:** como os flocos de sujeira são mais pesados do que a água, eles caem e se depositam no fundo do decantador.

- **Filtração:** nessa fase, a água passa por várias camadas filtrantes onde ocorre a retenção dos flocos menores que não ficaram na decantação.

A água então, nessa etapa, fica livre das impurezas e quase pronta para ser distribuída.

5. A etapa seguinte é a cloração que consiste na adição de cloro. Esse produto é usado para destruição de microrganismos presentes na água. Depois vem a fluoretação, quando se adiciona flúor que tem a função de colaborar na redução da incidência da cárie dentária.
6. Reservatório: após o tratamento, a água tratada é armazenada inicialmente em reservatórios para distribuição em reservatórios de bairros espalhados em regiões estratégicas das cidades.
7. Distribuição: desses reservatórios a água vai para as tubulações maiores (denominadas adutoras) e depois para as redes de distribuição até chegar aos domicílios.
8. Redes de distribuição: depois das redes de distribuição, a água geralmente é armazenada em caixas-d'água existentes nas residências e edifícios.

Tratamento do esgoto

Se é necessário que a água seja tratada para o consumo, também é necessário que, depois de utilizada, ela seja tratada para ser devolvida ao meio ambiente de tal forma que os rios, lagos, represas e mares sejam preservados, contribuindo para uma sustentabilidade saudável e, mais ainda, preservando a vida animal e vegetal. A seguir transcrevemos um sistema básico de tratamento de esgoto:

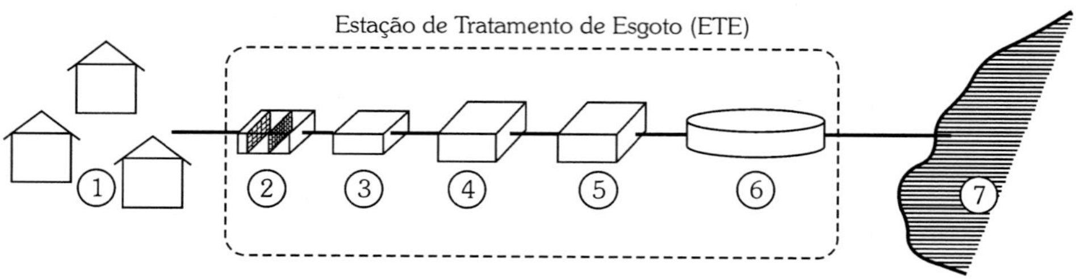

1. O esgoto é captado por meio de redes públicas e enviado a uma Estação de Tratamento de Esgoto (ETE).
2. O esgoto passa por um sistema de peneiramento para a retirada de materiais sólidos, tais como madeira, papel, garrafas, plásticos, metais e qualquer coisa sólida que possa prejudicar o processo de tratamento ou provocar danos às bombas e aos equipamentos.
3. A próxima etapa, chamada de **desarenação**, tem como objetivo a separação da areia e da terra que estão misturadas no esgoto. Esse material é depositado no fundo dos tanques e depois retirado.
4. Depois de separar a areia e a terra, sobram ainda os dejetos orgânicos. Por serem mais pesados que a água, eles ficam depositados no fundo dos tanques para posteriormente serem retirados, processo chamado de **decantação primária**. Essa massa, ainda contendo líquidos, passa por um novo processo para eliminação da água, obtendo assim uma pasta chamada de "torta", que vai então ser depositada em aterros sanitários ou ainda utilizada como fertilizante após tratamento específico.
5. Depois da decantação primária, o esgoto ainda está com bastante material orgânico que precisa ser removido nos **tanques de aeração**. Para isso são utilizadas bactérias aeróbicas que se alimentam de material orgânico. Aqui a água está quase pronta para ser devolvida à natureza. Restam ainda as bactérias que precisam ser removidas.
6. Nesses tanques, chamados de **decantadores secundários**, as bactérias se depositam no fundo e são devolvidas aos tanques de aeração.
7. A água que sai dos decantadores secundários está em torno de 95% livre de impurezas e pronta para ser devolvida aos rios e lagos. Importante salientar que essa água não é apropriada para o consumo humano nem animal, podendo ser utilizada somente para limpeza, irrigação, combate a incêndio etc.

Fossas, sumidouros e valas de infiltração

Para as áreas ou comunidades que não possuem sistema público de captação de esgoto, é necessário construir sistemas para captação desse esgoto e adequá-lo para que seja absorvido pelo terreno, constituído de fossas e sumidouros. O sistema descrito em seguida somente é apropriado para o esgoto doméstico; os demais sistemas devem ser submetidos à aprovação das autoridades ambientalistas e sanitárias.

> ***Atenção:*** *O que vamos apresentar a seguir são critérios básicos, sendo necessário um projeto elaborado por profissional habilitado, uma vez que o dimensionamento desses sistemas depende de fatores como uso da edificação, número de contribuição, nível do lençol freático, capacidade de absorção do solo, periodicidade de limpeza, perfil topográfico do terreno e espaço útil para essas instalações.*

Fossas

A **fossa séptica** ou **tanque séptico** é um tanque impermeabilizado que tem por finalidade receber os efluentes, no qual parte do esgoto é consumida pela ação de bactérias anaeróbicas, que não necessitam de oxigênio, e a parte sólida é depositada no fundo, formando um lodo que é retirado periodicamente. A parte líquida restante é então deslocada para um outro sistema destinado a permitir a infiltração, ou deposição final, desse líquido no terreno.

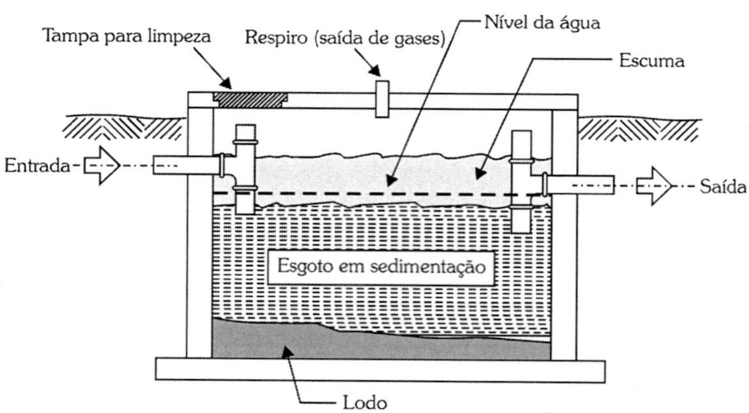

Fossa séptica - esquema básico

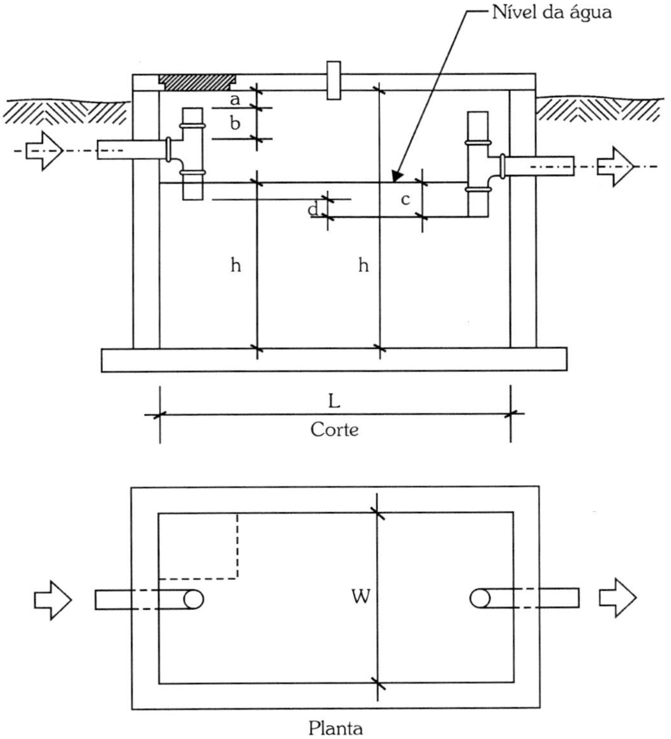

Fossa séptica - medidas básicas

a	mínimo de 5 cm
b	mínimo de 5 cm
c	1/3 da altura útil (h)
d	5 cm
h	altura interna útil, conforme projeto e cálculo
L	comprimento interno total, conforme projeto e cálculo, sendo 80 cm a medida mínima
W	largura interna total, respeitando a relação L/W entre 2:1 e 4:1

Sumidouros

O **sumidouro** consiste numa caixa de alvenaria com os tijolos assentados e separados uns dos outros ou em concreto pré-moldado com furos laterais. Essas caixas são providas de uma camada de pedra britada no fundo que facilita a infiltração do líquido que vem da fossa séptica no solo, executada pelo menos acima de 1,50 m do nível máximo do lençol freático.

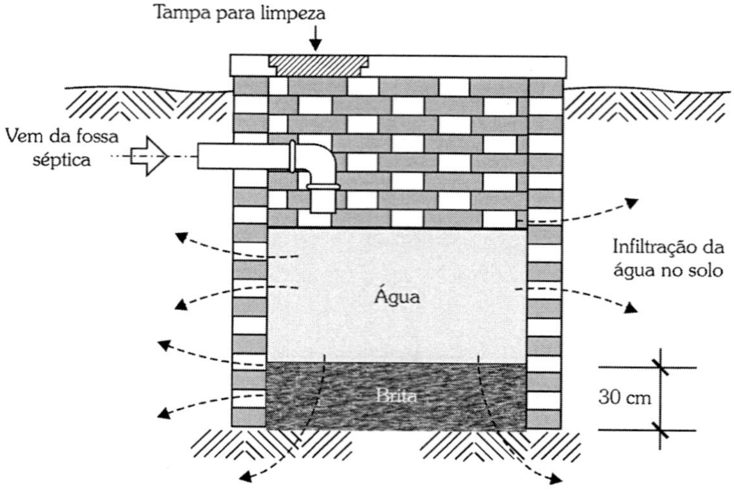

Sumidouro - esquema básico

Valas de infiltração

É um sistema de tubulação perfurada executado em valas com declive de 2 a 3%, podendo ou não ter uma captação final para despejo em rios ou córregos. A vala de infiltração é recomendável quando o lençol freático é muito próximo à superfície do terreno. Quando o nível do lençol freático não permite a execução das valas de infiltração, é necessária a execução de um aterro para que essas valas sejam instaladas, o que normalmente fica num nível acima da fossa séptica. Nesta situação, o efluente deve ser bombeado para essas valas.

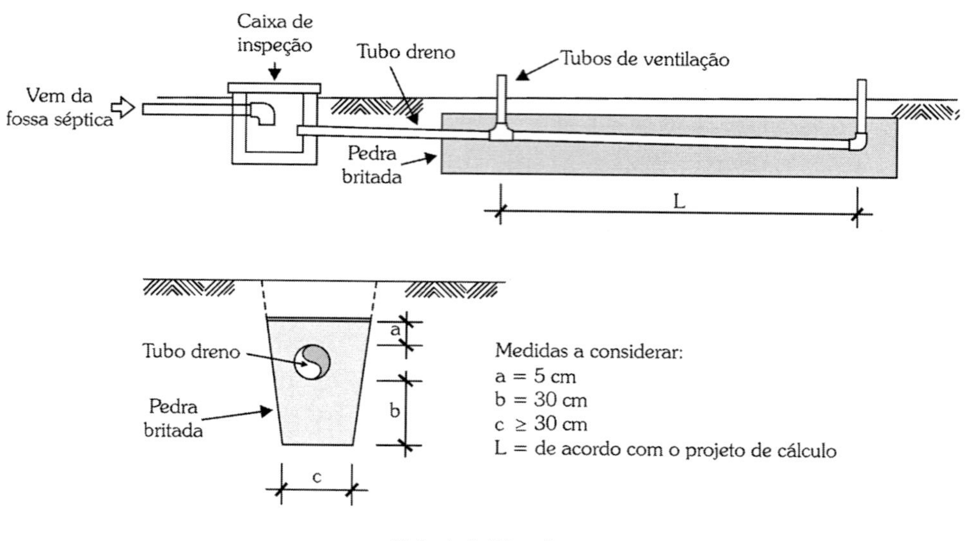

Vala de infiltração

Quando o cálculo mostra o valor L muito elevado, pode-se optar por construir valas de infiltração compostas por várias linhas.

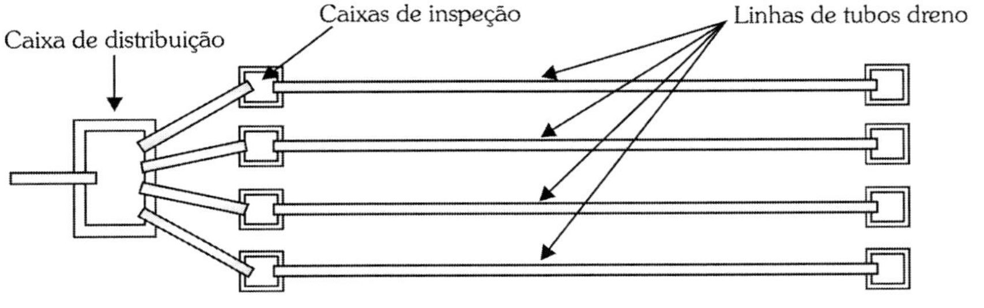

Valas de infiltração compostas por várias linhas de dreno

Sistemas de distribuição

Apresentamos a seguir as três principais formas pelas quais a água chega aos edifícios para consumo e suas principais vantagens e desvantagens.

a) **Distribuição direta.** É quando a água é ligada da rede pública de abastecimento diretamente na rede de distribuição interna do edifício sem passar por um reservatório (caixa-d'água).

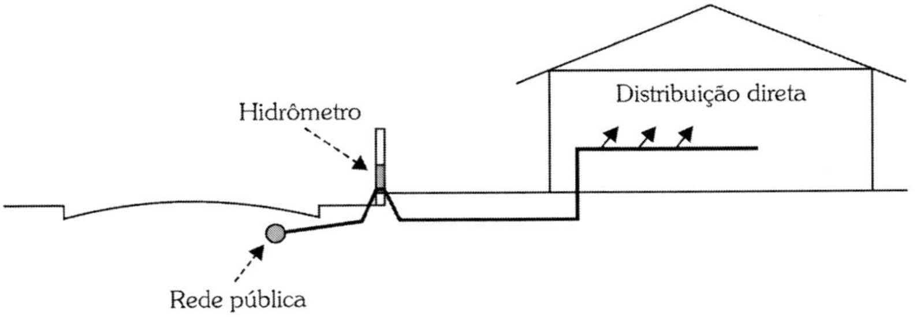

- **Vantagens:** maior pressão de água na instalação e menor custo.
- **Desvantagens:** falta de água em caso de interrupção do fornecimento; a pressão da água não é constante nem uniforme.

b) **Distribuição indireta.** A água é ligada da rede pública de abastecimento a um reservatório no interior do edifício. Neste caso há duas situações, sendo com reservatório inferior e sem reservatório inferior:

Com reservatório inferior: utilizada em prédios de vários pavimentos. A água é armazenada em um reservatório inferior para depois ser bombeada para reservatórios sobre o edifício (reservatório superior). Isso se faz necessário quando a pressão da água da rede de abastecimento não é suficiente para atingir grandes alturas.

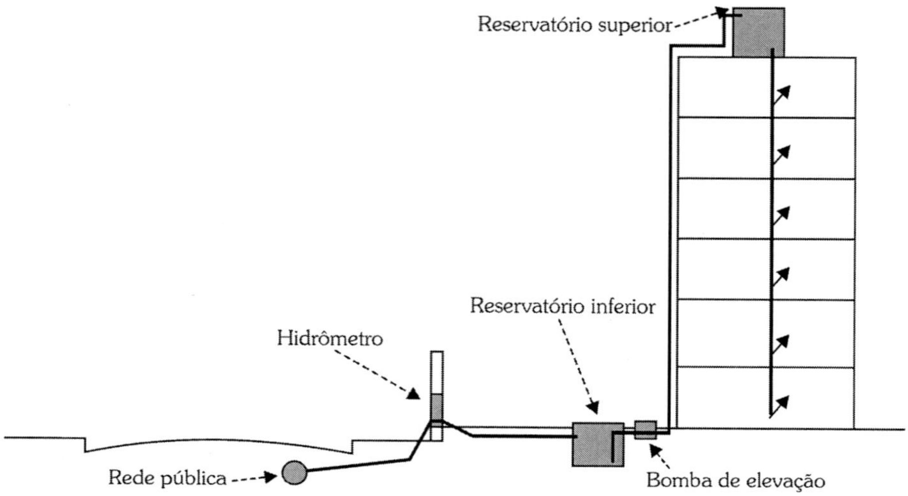

Distribuição indireta com reservatório inferior

Sem reservatório inferior: é quando a água da rede pública de abastecimento vai diretamente para um reservatório (caixa-d'água) situado sobre o edifício e é o mais utilizado em edificações de um ou dois pavimentos. Isso somente é possível quando a pressão da água na rede de abastecimento é suficiente para que a água atinja esse reservatório; caso contrário, é necessário um reservatório inferior provido de uma bomba.

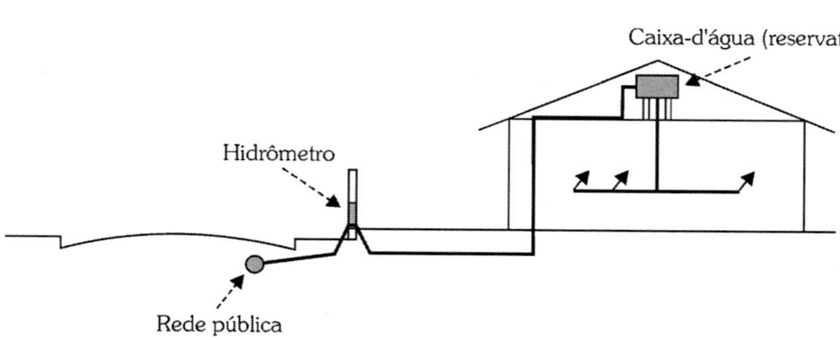

Distribuição indireta sem reservatório inferior

- **Vantagens:** fornecimento de água sem interrupção e possibilidade de controle da pressão nos aparelhos.
- **Desvantagens:** existe a possibilidade de contaminação da água reservada, sendo necessário limpar os reservatórios periodicamente, e maior custo de instalação.

> ***Atenção:*** *As instalações providas de reservatórios devem ser dimensionadas de acordo com o tipo de uso da edificação e com o número de seus habitantes para que, numa eventual falta de fornecimento, haja água armazenada por um determinado período (normalmente de um ou dois dias) até a normalização do abastecimento.*

c) **Distribuição mista.** O abastecimento da edificação é feito diretamente da rede pública de abastecimento e ao mesmo tempo por meio de reservatórios.

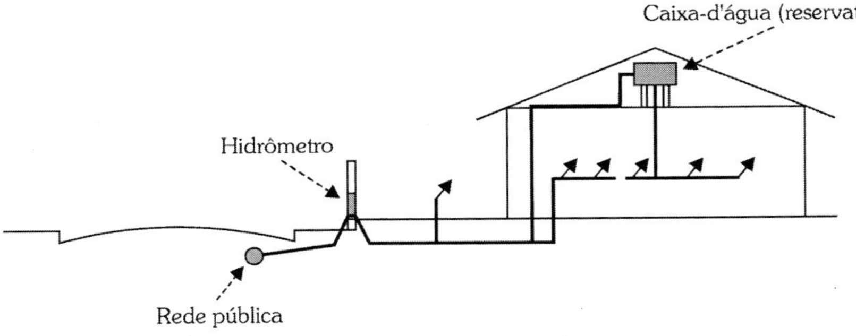

Distribuição mista

- **Vantagens:** água de melhor qualidade, maior capacidade de reserva de água, fornecimento contínuo e possibilidade de optar pelo consumo por meio de válvulas de controle.
- **Desvantagens:** maior custo de instalação.

Conceitos de vazão, pressão e velocidade

Em instalações hidráulicas os termos **vazão** e **pressão** são muito utilizados e para um profissional dessa área é muito importante entendê-los.

a) Entendemos por **vazão** a quantidade (volume) de água que passa por uma tubulação num determinado tempo. Veja o exemplo:

Vamos considerar que para encher uma caixa-d'água de 500 litros, uma torneira demore duas horas. A conta a ser feita para a determinação da vazão dessa torneira é muito simples. Basta dividir o volume da caixa--d'água (500 litros) pelo tempo de enchimento (2 horas), o que leva a uma vazão de 250 litros por hora ou meio metro cúbico de água por hora (0,5 m^3/h).

$$\text{Fórmula} \rightarrow \text{vazão} = Q = \frac{\text{volume}}{\text{tempo}}$$

Quando se trata de vazão de um líquido, a razão entre volume e tempo é medida, mais comumente, em:

Litros/hora	→	ℓ / h
Litros/segundo	→	ℓ / s
Metros cúbicos/hora	→	m^3 / h
Metros cúbicos/segundo	→	m^3 / s

Devemos lembrar que:

- 1 m^3 tem 1.000 litros
- 1 hora tem 60 minutos
- 1 minuto tem 60 segundos
- 1 hora tem 3.600 segundos

b) **Pressão** é entendida como a quantidade de força aplicada sobre uma superfície. Para melhor entendimento vamos considerar como exemplo duas mulheres com o mesmo peso: uma usando sapato de salto fino e outra usando sandália. Vamos ainda imaginar que essas duas mulheres estejam andando sobre a areia. Qual delas terá mais facilidade para andar sobre a areia? Se você disse a que usa sandálias, acertou! Por que será?

A mulher que estava usando sandália teve o seu peso melhor distribuído sobre a areia do que a que usava sapato de salto fino. Essa relação de distribuição do peso sobre uma determinada superfície é chamada de **pressão.**

Na Física, podemos assim escrever → $\text{Pressão} = \frac{\text{força}}{\text{área}}$

A relação entre essas grandezas, normalmente, é:

Quilograma-força / metro quadrado → kgf / m^2

Quilograma-força / centímetro quadrado → kgf / cm^2

Podemos também dizer que o peso da água contida numa tubulação de 10 m de altura exerce uma pressão de 1 kgf/cm^2. Assim, numa torneira que é alimentada por uma caixa-d'água situada a 20 metros de altura, a pressão nessa torneira é de 2 cm^2 ou, simplesmente, 20 mca (metros de coluna de água). Assim, escrevemos:

$$1 \text{ kgf/cm}^2 = 10 \text{ mca}$$

Oficialmente, e de acordo com o Sistema Internacional (SI) de medidas, a pressão é expressa em pascal, tendo como símbolo o Pa. Essa unidade é definida como:

$$1 \text{ kgf/ cm}^2 = 10 \text{ mca} = 98.100 \text{ Pa}$$

Em resumo, podemos dizer simplesmente que a pressão hidráulica varia conforme a altura da água que abastece um determinado ponto. No dia a dia, a pressão depende da altura da caixa-d'água.

c) Muitas vezes, ao abrir uma torneira ou mesmo um chuveiro, dizemos que a água está com bastante "pressão". Nem sempre isso é verdade. Podemos estar sentindo muita **velocidade** da água em vez de uma grande pressão. Por isso é necessário entender o conceito de velocidade da água.

Velocidade é a medida de quanto a água se movimenta num determinado intervalo de tempo.

Para a determinação da velocidade da água precisamos saber duas coisas: a sua **vazão** e a área do tubo por onde escoa a água. A velocidade da água é apresentada, normalmente, da seguinte forma:

$$\text{Velocidade} = \frac{\text{vazão}}{\text{área}} \quad \text{ou} \quad V = \frac{Q}{S}$$

e é medida em metros/segundo → m/s

Para um melhor entendimento, vamos ver o exemplo seguinte:

- Uma saída de tubulação de 25 mm, situada 5 m abaixo do nível de um reservatório, enche uma caixa-d'água de 1.440 litros em duas horas. Verificar a **vazão**, a **área** desse tubo e a **velocidade** da água.

Cálculo da vazão

Já sabemos que vazão é a quantidade de água (1.440 litros) dividida pelo tempo (2 horas), portanto:

$$Q = \frac{\text{volume}}{\text{tempo}} = \frac{1440}{2} = 720 \text{ litros/hora}$$

Podemos também determinar a vazão em segundos, o que vai facilitar a determinação da velocidade da água.

Se em uma hora temos 3.600 segundos, não é difícil entender que em duas horas teremos 7.200 segundos. Portanto:

$$Q = \frac{\text{volume}}{\text{tempo}} = \frac{1440}{7200} = 0{,}20 \text{ litro/segundo}$$

Como já vimos, a velocidade dá água é medida em m/s e por isso temos de transformar 0,20 litro em metros cúbicos (m^3). E assim fazemos:

$1\ m^3 \rightarrow 1.000$ litros

$x \rightarrow 0{,}20$ litro

$$x = \frac{0{,}20}{1000} = 0{,}0002\ m^3$$

Desta forma, a vazão em metros cúbicos por segundo é:

$$Q = 0{,}0002\ m^3/s$$

Precisamos agora calcular á área da tubulação de 25 mm. Para isso vamos realizar duas tarefas.

Primeiramente, transformar 25 mm em metros:

$1\ m^3 \rightarrow 1.000$ litros

$x \rightarrow 0{,}25$ litros

$$x = \frac{0{,}25}{1000} = 0{,}025\ m$$

Segundo, calcular a área do tubo usando a seguinte equação:

$$\text{área} = S = \frac{\pi \cdot d^2}{4}$$

Nesta equação, temos os seguintes valores:

$\pi = 3{,}14$ (é um número sempre constante, não muda)

$d = 0{,}025$ (é o diâmetro do tubo)

$$S = \frac{3{,}14 \cdot 0{,}025^2}{4} = 0{,}0005 \text{ m}^2$$

Agora já podemos determinar a velocidade da água na tubulação. Já sabemos a sua vazão que é 0,0002 m^3/s e a área da tubulação que é 0,0005 m^2:

$$V = \frac{0{,}0002}{0{,}0005} = 0{,}4 \text{ m/s, ou seja, 40 cm por segundo}$$

> ***Atenção:*** *Para comparação, verificamos que na mesma situação, uma tubulação de 50 mm encherá essa mesma caixa em uma hora. Se fizermos as contas, veremos que a vazão será de 0,0004 m^3/s, ou seja, o* ***dobro*** *da tubulação de 25 mm, mas em contrapartida, a velocidade da água nessa tubulação será de 0,2 m/s (a metade da tubulação de 25 mm). Isso dá a impressão de que a "força" da água é maior, levando a uma falsa ideia de que a pressão é maior;*
>
> *A pressão num determinado ponto independe do diâmetro da tubulação, o que varia são a velocidade e a vazão da água.*

Golpe de aríete

Você já deve saber o que acontece com um carro quando ele bate num muro. Não é difícil imaginar: vai ficar todo deformado devido ao impacto. Com a água numa tubulação acontece algo bastante parecido. O muro é como se fosse a interrupção da água; a água é como se fosse o carro. Quando o movimento da água é interrompido bruscamente, há uma quantidade de água em movimento tentando passar pela tubulação, o que provoca uma pressão sobre a instalação. Esse fenômeno é chamado de **golpe de aríete** e pode provocar o rompimento de válvulas, registros e até mesmo das tubulações. Essa situação é muito comum em tubulações com muita pressão, principalmente em edificações muito altas.

Para que tal fenômeno não ocorra, é necessário que o movimento (fluxo) da água seja interrompido de forma gradual e não violenta. Para que isso não aconteça, é necessário que os registros sejam fechados lentamente e que as válvulas, principalmente as de descarga, sejam corretamente reguladas e instaladas de acordo com as instruções do fabricante. O golpe de aríete pode também acontecer quando são usados registros de fechamento rápido e nas instalações hidráulicas dos primeiros pavimentos de prédios muito altos.

Perda de carga

O movimento de qualquer elemento sofre influência e resistência do meio em que está se movimentando. Se um carro, por exemplo, encontra a resistência do ar ao movimentar-se, de forma equivalente a água também encontra resistência ao movimentar-se no interior de uma tubulação. Não é difícil imaginar que um líquido se movimenta com maior facilidade no interior de um tubo liso em comparação a um tubo cheio de irregularidades e também não é difícil imaginar que um líquido se movimenta com maior facilidade num tubo reto em comparação a um tubo cheio de curvas e conexões. A essa resistência ao movimento do líquido no interior das tubulações atribui-se o nome **perda de carga**. Desta forma, a perda de carga numa instalação está diretamente ligada à quantidade e à qualidade da pressão nos pontos de consumo.

Como já vimos anteriormente, a pressão é em função da altura da coluna de água em relação a um determinado ponto. Na prática, porém, ao utilizar esse ponto de consumo (uma torneira aberta, por exemplo), a pressão nesse ponto será menor devido à resistência do líquido ao movimentar-se pela tubulação e passar por curvas e conexões. Uma forma de compensar (e não evitar) a perda de carga e, consequentemente, a perda de pressão numa tubulação é a utilização de tubulações de maior diâmetro, tubos com paredes lisas e evitar o máximo possível o uso de curvas e conexões.

Pressão estática e pressão dinâmica

Para entendermos os conceitos de pressão estática e pressão dinâmica (também chamada de pressão de serviço), vamos analisar o esquema a seguir:

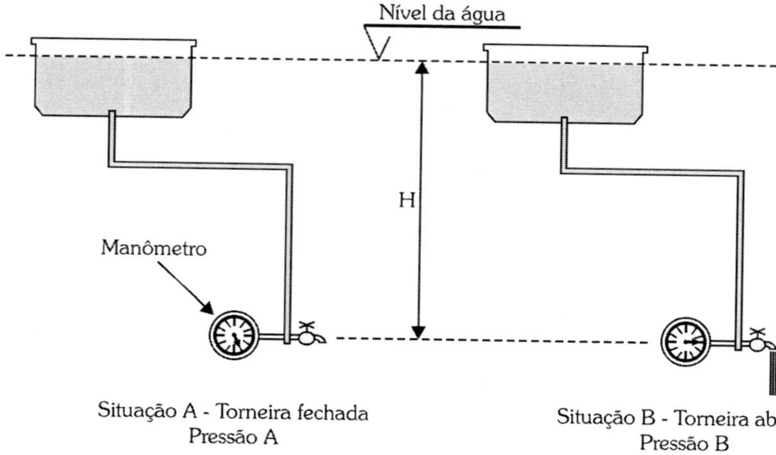

A pressão medida por um manômetro na situação "torneira aberta" será sempre menor que a pressão medida na situação "torneira fechada". Isso porque a água, quando em movimento, está sob a influência da resistência da tubulação, chamada perda de carga, como visto anteriormente.

Na situação "torneira fechada", quando a água está em repouso, ou seja, parada, temos a **pressão estática** ou, simplesmente, a diferença de nível entre um ponto e outro; caso contrário, com o líquido em movimento, temos a **pressão dinâmica**.

Exercícios

1. Você saberia identificar a que bacia hidrográfica pertence a sua cidade?
2. Identifique a importância do tratamento dos esgotos.
3. Identifique o tipo de abastecimento de água da sua residência, caso você more num prédio de apartamentos.
4. Como você solucionaria a instalação de um sumidouro, caso o lençol freático estivesse interferindo na sua instalação?

2

Água Fria

Tubos e conexões

Características gerais

Nas instalações hidráulicas podem ser utilizados tubos de diversos materiais, tais como o ferro galvanizado, os de cobre e os fabricados em PVC.

Para as instalações hidráulicas de água fria residencial, daremos prioridade aos tubos de PVC que atualmente possuem enorme aceitação no mercado por apresentarem segurança e facilidade de instalação, o que substitui com muitas vantagens os antigos tubos de ferro galvanizado.

Esses tubos são fabricados em cloreto de polivinila, ou o chamado PVC, e além da facilidade de instalação, apresentam resistência a produtos químicos, à corrosão e possuem pouca rugosidade, o que acarreta pouca perda de carga nas instalações com esse material. Existe uma desvantagem; são pouco resistentes à radiação ultravioleta, por este motivo não se aconselha a sua instalação exposta às intempéries. Quanto aos demais tubos, deixaremos somente para as instalações especiais, que não são objeto deste livro.

Os tubos e conexões de PVC utilizados nas instalações de água fria residencial são próprios para serem embutidos em paredes e alvenarias e quando instalados em áreas externas, devem ser em locais cobertos. São fabricados para suportarem uma pressão de 750 KPa (7,5 kg/cm^2) ou 75 mca e fornecidos em dois tipos básicos:

- **Soldáveis:** fabricados na cor marrom, são aqueles que utilizam um adesivo (cola) especial para a união entre os tubos e as conexões, sendo empregados na grande maioria das instalações prediais. As conexões da linha soldável podem são fornecidas de três formas: com os dois lados soldáveis, com um lado soldável e outro com rosca e com um lado soldável e o outro com rosca e bucha de latão. Possuem as seguintes referências:

- LL → os dois lados da conexão são soldáveis.
- LR → um lado é cola e o outro é com rosca.
- LR azul → um lado é cola e o outro é de rosca com bucha de latão, próprio para fixação de metais metálicos. Essa conexão se apresenta na cor azul.

• **Roscáveis**: fornecidos na cor branca, sendo a união dos tubos com as conexões feita por meio das roscas, e possuem paredes mais espessas. Muito utilizados para instalações provisórias ou que necessitam de constantes mudanças, deslocamentos e para facilidade de manutenção.

Independentemente do tipo, eles podem ser adquiridos nas seguintes dimensões comerciais:

- Comprimentos: 3 ou 6 metros.
- Diâmetros nominais (DN):

  PVC soldável (mm): 20, 25, 32, 40, 50, 60, 75, 85 e 110

  PVC com rosca (polegadas): 1/2", 3/4", 1", 1 ¼", 1 ½", 2", 2 ½", 3", 4"

Observação: *Nas instalações corriqueiras de água fria em instalações prediais (principalmente em residências), os diâmetros das tubulações e conexões dificilmente ultrapassam 50 mm e 1 ½".*

As equivalências entre os tubos soldáveis e as conexões com rosca são:

Diâmetros nominais - DN	
Milímetros (mm)	**Polegadas (")**
20	1/2
25	3/4
32	1
40	1 ¼
50	1 ½
60	2
75	2 ½
85	3
110	4

Pontas e bolsas

Os tubos e conexões possuem o que chamamos de **ponta** e **bolsa**. Na união entre as peças, as pontas são simplesmente encaixadas nas bolsas, que pode ser por meio de soldas com adesivos ou com roscas.

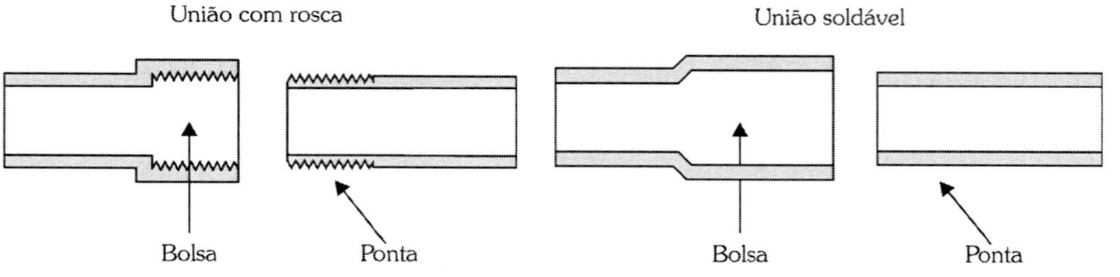

Tipos de conexões[1]

Apresentamos a seguir os principais itens da série soldável (LL). Da mesma forma também encontramos no mercado a série roscável (RR).

Conexões para reservatórios

	Adaptador soldável para caixa-d'água de concreto
	Adaptador autoajustável soldável com rosca interna para caixa-d'água com junta de vedação
	Borracha de vedação do adaptador para caixa-d'água

[1] Fonte das figuras: Amanco Brasil Ltda. - www.amanco.com.br em 09/03/2010

Conexões soldáveis para desvio de direção sem redução de diâmetro

	Joelho 90º soldável, ideal para cantos de paredes e pisos
	Tê soldável
	Joelho 45º soldável 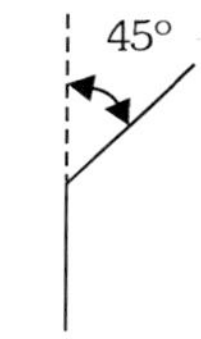
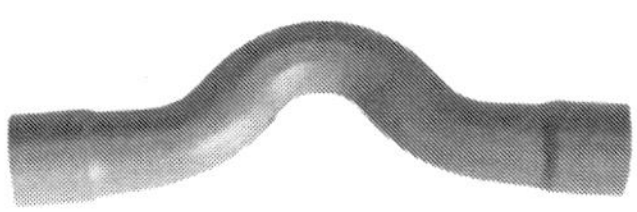	Curva de transposição soldável 
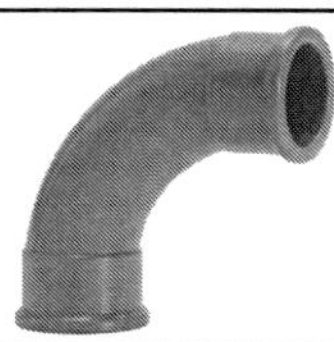	Curva 90º soldável Se houver espaço em cantos de paredes e de pisos, dê preferência a essa curva. Há menos perda de carga. Caso contrário, utilize o joelho.

Conexões soldáveis para redução de diâmetro

	Bucha de redução soldável curta
	Bucha de redução soldável longa

	Joelho de redução 90° soldável
	Tê de redução soldável

Conexões LR para ligação de aparelhos, equipamentos e registros

	Luva soldável e com bucha de latão
	Luva soldável e com rosca
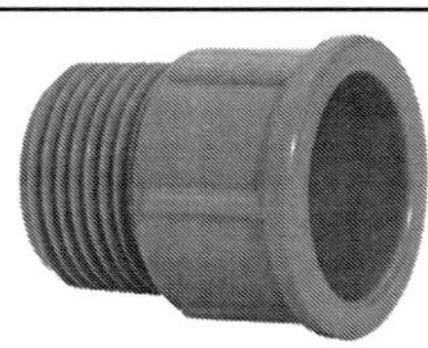	Adaptador soldável curto com bolsa e rosca
	Tê soldável e com bucha de latão
	Tê soldável e com rosca

	Joelho 90° soldável e com bucha de latão
	Joelho 90° soldável e com rosca (LR)

Conexões para emendas de tubos

	Luva soldável
	Luva de correr para tubo soldável, também utilizada para reparos em tubulações
	Luva de redução soldável

Conexões diversas

	Cap soldável
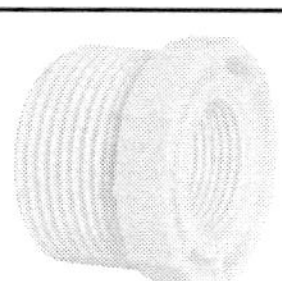	Bucha de redução roscável, própria para redução de diâmetro em pontos de utilização

	Plug roscável, próprio para tampar pontos de utilização
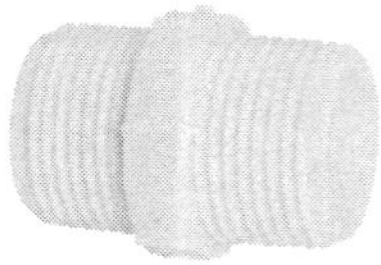	Niple
	União soldável, utilizada para equipamentos que necessitam de remoção, como bombas, por exemplo

Cuidados e precauções

Apesar de o PVC apresentar-se resistente, cuidados e precauções são necessários até o momento de sua utilização para que o material não sofra danos ou deformações, o que pode prejudicar uma boa instalação, além de acarretar a diminuição da sua vida útil. Assim, podemos recomendar:

- Os tubos não devem ficar armazenados em contato com o solo para que não entre terra ou material estranho no seu interior.
- Os tubos devem ser transportados e não arrastados. Isso danifica as pontas.
- O local de armazenamento deve ser plano para evitar que o tubo sofra deformação.
- Os tubos e conexões devem ser armazenados em local coberto para não sofrerem a ação dos raios ultravioleta do Sol. Isso provoca a perda da cor e o ressecamento do PVC.
- As pilhas de tubos não devem ser maiores do que 1,50 m. Isso porque o excesso de peso pode provocar deformação dos tubos.
- Nas instalações, as conexões não devem ser forçadas para acompanhar o ângulo das paredes ou pisos, pois causa rompimento da conexão.
- O local dos trabalhos de corte dos tubos, montagem das conexões e registros deve estar livre de terra e lama. Materiais estranhos podem ficar no interior das tubulações, o que ocasiona entupimentos, vazamentos e funcionamento inadequado dos equipamentos.

Tipos de registros, válvulas e suas funções

Os registros e as válvulas servem para controlar a vazão da água, desde a posição totalmente aberto até a posição totalmente fechado. Cabe lembrar que vamos apresentar modelos básicos, apenas para elucidação. Comercialmente encontram-se modelos dos mais variados tipos e acabamentos.

Registro de pressão

Ideal para equipamentos em que a passagem da água precisa ser controlada quanto à sua vazão, como, por exemplo, **o controle da água nos chuveiros**. Para a sua instalação em tubulações de PVC soldável, é necessária a utilização das seguintes conexões: luva e adaptador.

Observação: *Na instalação do registro de pressão, é importante observar o sentido do fluxo da água. Há uma seta gravada no corpo do registro com essa finalidade.*

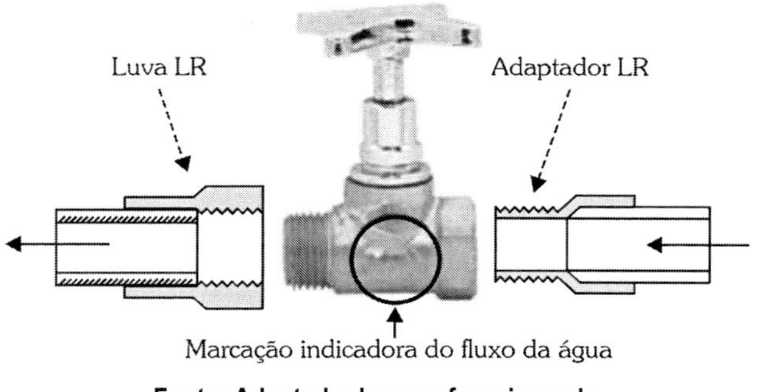

Fonte: Adaptado de www.forusi.com.br

Fonte: www.deca.com.br

O registro de pressão possui uma peça chamada **reparo** que tem por função, quando acionada, abrir ou fechar o registro. Essa peça pode, eventualmente, ocasionar desgaste e caso isso ocorra, encontra-se reposição em lojas especializadas em materiais hidráulicos.

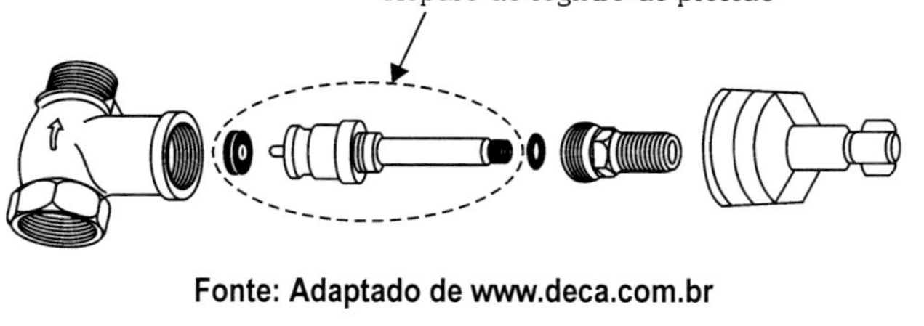

Fonte: Adaptado de www.deca.com.br

Registro de gaveta

Ideal para ser usado como **registro geral** em tubulações principais que controlam o fluxo da água que abastece vários equipamentos. Deve ser utilizado totalmente aberto ou totalmente fechado.

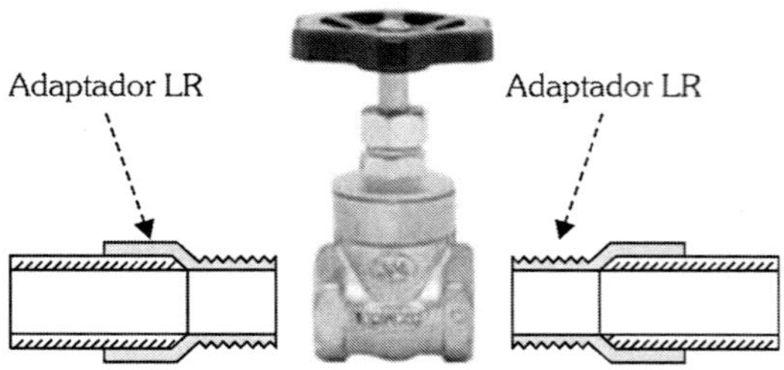

Fonte: Adaptado de www.forusi.com.br

Fonte: www.deca.com.br

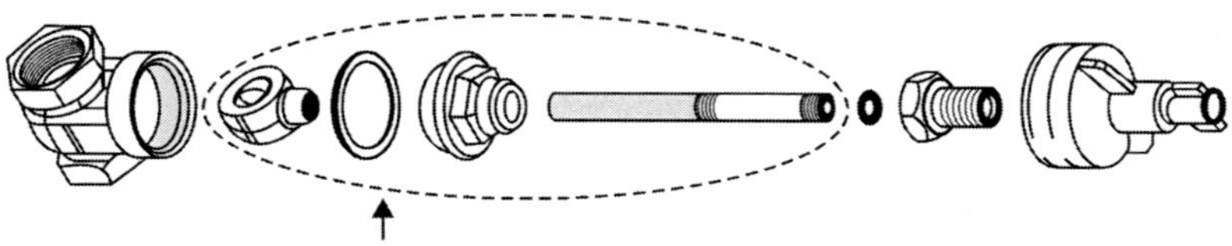

Fonte: Adaptado de www.deca.com.br

O registro de gaveta possui um **conjunto de reparo** que tem por função, quando acionado, abrir ou fechar o registro. Essa peça pode, eventualmente, ocasionar desgaste das roscas que acionam a gaveta do registro e caso isso ocorra, encontra-se reposição em lojas especializadas em materiais hidráulicos.

Torneira de boia

Utilizada para o controle da entrada de água, é instalada próximo à borda superior do reservatório. Possui uma boia que varia de posição de acordo com o nível de água. Quando o nível da água está baixo, a boia também está e nessa posição o registro permite a entrada da água. Caso contrário, quando o reservatório está cheio, a boia fica numa posição elevada que impede a entrada da água.

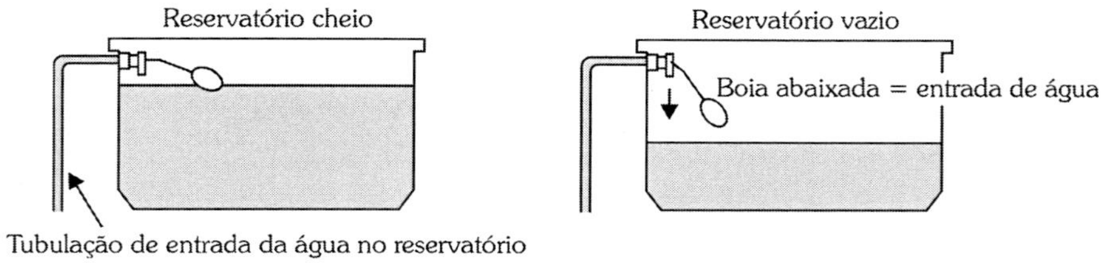

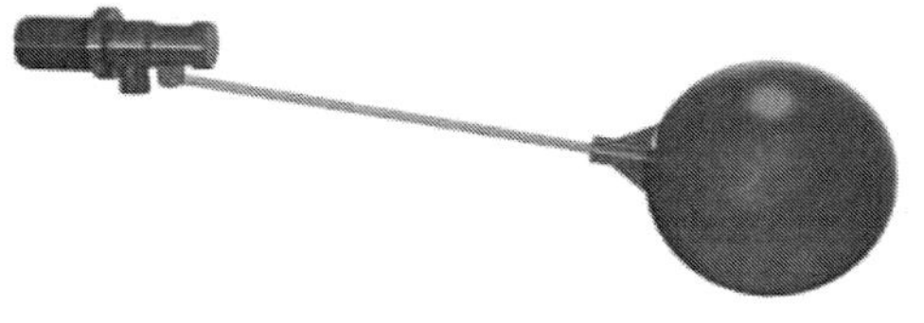

Torneira de boia
Fonte: www.tigre.com.br

Registro de esfera

Também utilizado como registro geral em tubulações. Normalmente se aciona (abrir e fechar) simplesmente com um quarto de volta e possui pouca perda de carga. Não aconselhamos o uso desse tipo de registro em instalações com bastante pressão, pois devido ao seu acionamento ser muito rápido, pode provocar o golpe de aríete. Encontram-se no mercado não só registros metálicos, mas também registros de esfera fabricados em PVC cujas conexões são soldáveis. No caso dos metálicos, a conexão é feita por meio de adaptadores LR se a tubulação for de PVC.

Registros de esfera	
Metálico	PVC
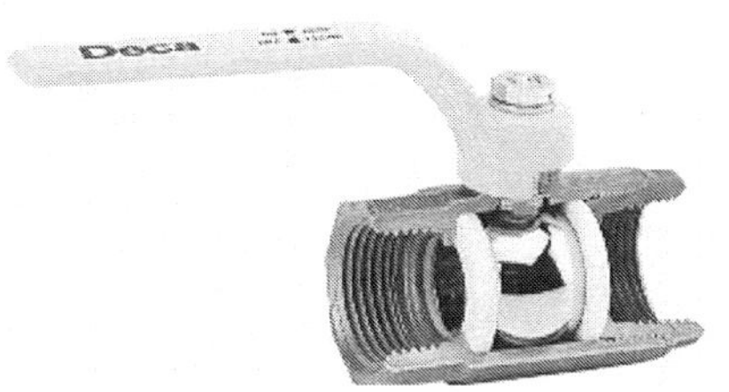 **Fonte: www.deca.com.br**	 **Fonte: www.tigre.com.br**

Válvula de descarga (ou válvula fluxível)

Também chamada de válvula fluxível, é principalmente utilizada na instalação de vasos sanitários. É um dispositivo que, uma vez acionado, permite a passagem de uma grande quantidade de água para que possa produzir um efeito de limpeza e de arraste pela tubulação de saída do vaso sanitário.

A seguir mostramos as suas principais partes internas e o aspecto externo.[2]

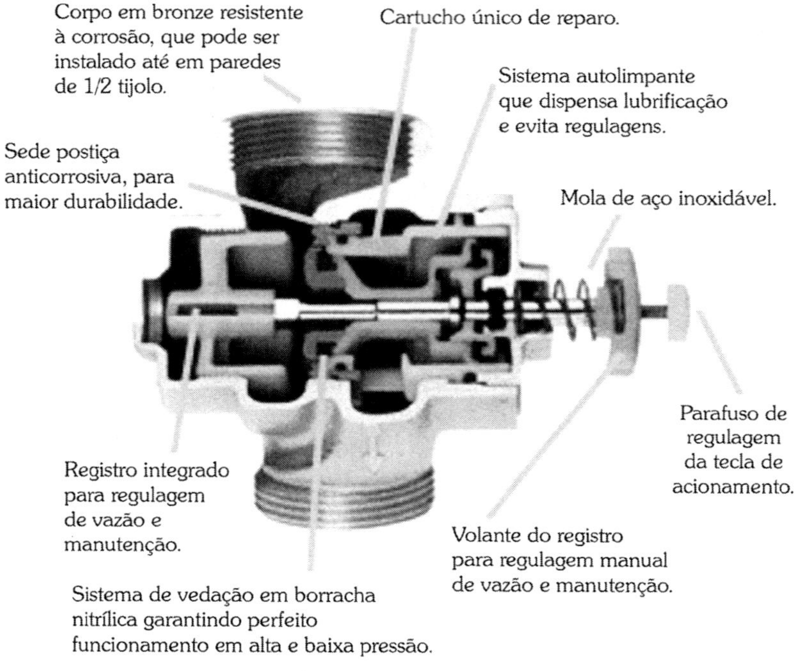

Partes internas

Visão externa

---

2 As figuras utilizadas foram obtidas em www.deca.com.br e www.valvulahydra.com.br.

Externamente observamos o seguinte:

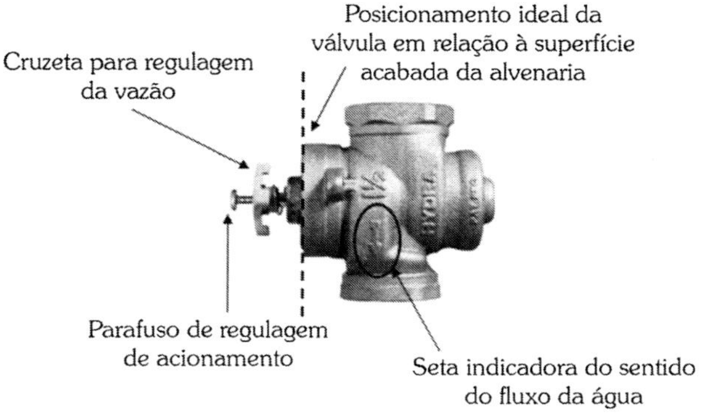

a) Normalmente as válvulas são fornecidas com uma capa de proteção na qual estão marcadas as profundidades mínima e máxima do corpo da válvula em relação à superfície acabada para um perfeito posicionamento da canopla de proteção e acionamento. Essa capa deve ser retirada somente no final da obra.

b) A regulagem do parafuso de acionamento deve ser feita de acordo com um gabarito fornecido junto com a válvula, tendo como referência a superfície acabada.

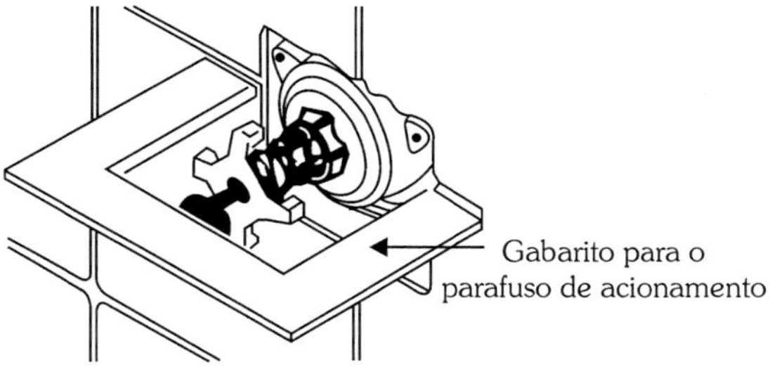

c) A regulagem da vazão deve ser feita de acordo com a pressão da água. Para isso é importante verificar as informações do manual de instalação que acompanha o produto.

d) A conexão da válvula na tubulação dever ser por meio de um adaptador LR e a ligação com o vaso sanitário através de um tubo de descarga que é comumente chamado de ponta azul.

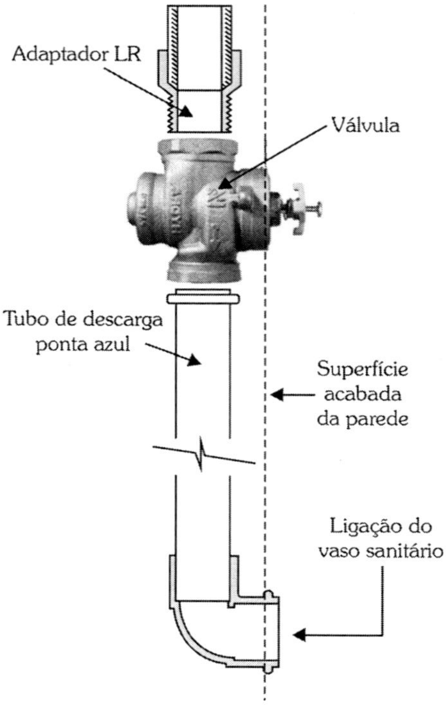

Torneiras

No mercado há modelos de torneiras desde os mais simples até os mais sofisticados, atendendo aos mais variados gostos dos consumidores. Existem modelos apropriados para banheiros, cozinhas, áreas de serviço e de uso geral.

Basicamente, numa instalação residencial, encontramos as que são fixadas diretamente na parede e as de sobrepor que são instaladas sobre bancadas de lavatórios e pias. Veremos as duas ligações.

Comumente, as torneiras e as ligações flexíveis são fornecidas na bitola de 1/2", portanto:

- Se a tubulação é em PVC de 25 mm, o joelho deve ser o de redução, com bucha de latão, LR, 25 x 1/2;
- Se a tubulação é em PVC de 20 mm, o joelho deve ser o de bucha de latão, LR, 20 x 1/2;
- Se o joelho é o LR, 25 x 3/4, deve-se usar a bucha de redução roscável 3/4 x 1/2.

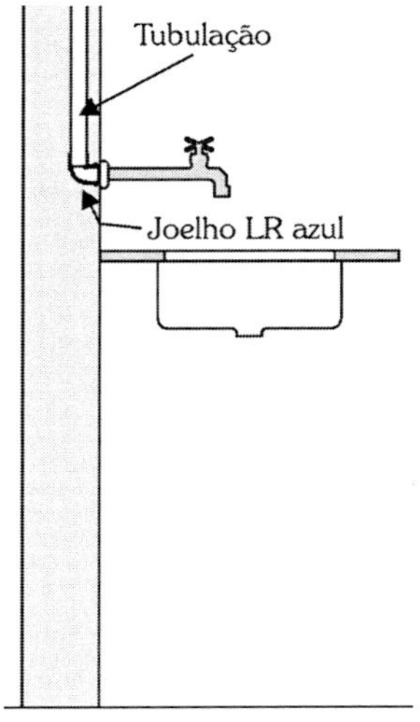

Torneiras de parede

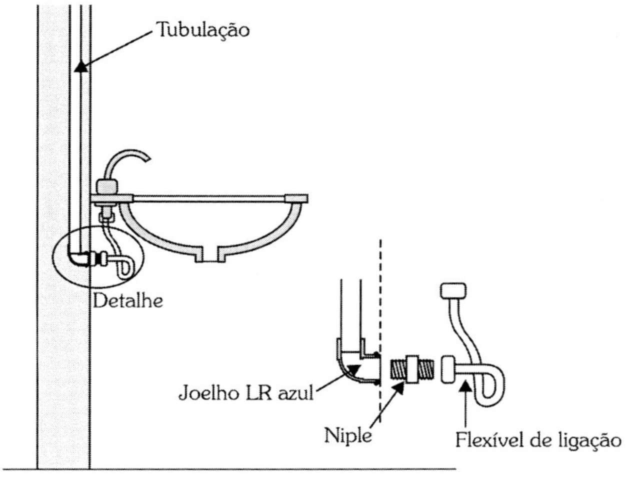

Torneiras de sobrepor

Alimentação residencial

Conceito

Este tópico apresenta os aspectos de uma instalação de água fria residencial, considerando o ponto onde a água chega à edificação e onde ela é armazenada.

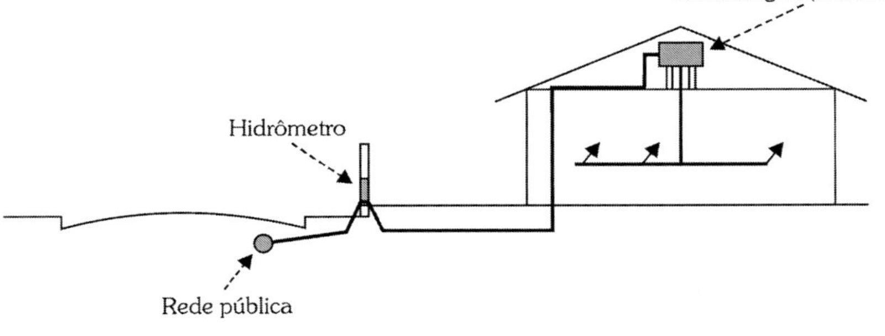

Hidrômetro: função e instalação

O hidrômetro é um aparelho destinado a medir a quantidade de água que passa pela instalação, medindo-a em litros e em metros cúbicos (m^3). É nesse aparelho que a companhia de distribuição de água faz a leitura de consumo.

Sua instalação requer duas etapas. A primeira é a instalação do **cavalete**, de responsabilidade do proprietário do terreno ou edificação, e a segunda consiste na instalação do hidrômetro no cavalete e na ligação da água na rede pública de abastecimento, que é de responsabilidade da companhia de abastecimento.

O cavalete é montado com tubos de PVC brancos, rosqueáveis.

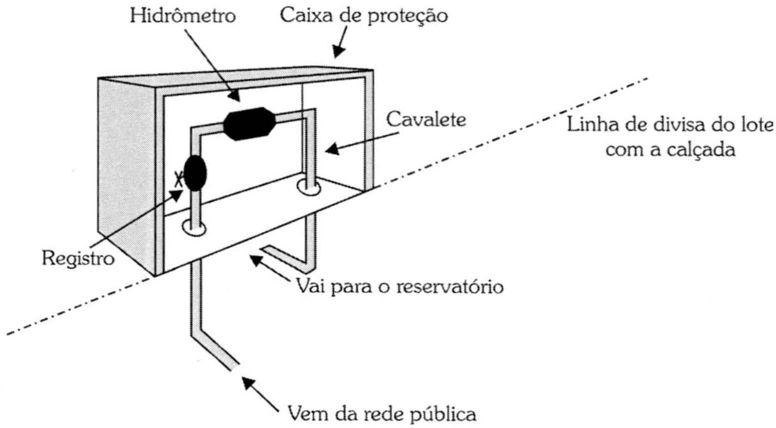

Esquema básico da instalação de um cavalete para hidrômetro

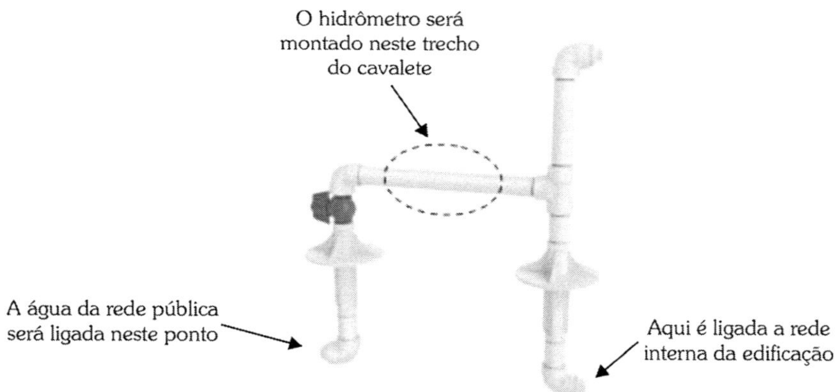

Ligação de um hidrômetro no cavalete - Fonte: Adaptado de www.tigre.com.br

Hidrômetro ligado no cavalete - Fonte: www.sabesp.com.br

Reservatórios: tipos, colocação e instalação

Os reservatórios de água podem ser dos mais variados tipos, tais como de alvenaria, concreto, cimento-amianto, metálicos, alumínio, aço inoxidável e os mais utilizados de polietileno. As caixas pré-fabricadas encontradas no mercado possuem variadas dimensões e capacidade de armazenamento. Independente do tipo, todas devem estar assentadas (apoiadas) em superfícies planas e sem ressaltos para que, depois de cheias, o peso da água não provoque danos à estrutura da caixa nem às tubulações a ela ligadas.

Quanto à capacidade de armazenamento, os reservatórios (caixas-d'água) variam a partir de 100 litros, e as mais instaladas nas residências variam de 500 a 1.000 litros.

As caixas-d'água normalmente possuem local apropriado para as ligações das tubulações, o que vai garantir conexões perfeitas e sem vazamentos. Esses locais estão indicados no corpo da caixa.

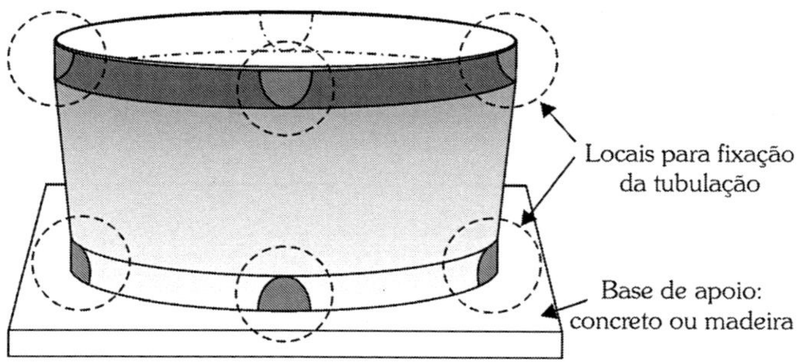

Um reservatório deve possuir no mínimo as seguintes ligações:

- Entrada da água com registro de gaveta.
- Saída da água para o consumo, com registro de gaveta.
- Extravasor (ou "ladrão"), sem registro, com a finalidade de escoar a água para local apropriado quando houver falha de fechamento na torneira de boia. Importante é que a saída do extravasor esteja pelo menos 2 cm abaixo da tubulação de entrada da água.
- Saída para limpeza com registro de gaveta.

Nos exemplos a seguir vemos dois sistemas, sendo o reservatório único e o conjunto de dois reservatórios.

A vantagem de dois reservatórios conjuntos é que há um aumento da água armazenada e com os conjuntos de registros é possível utilizar simultaneamente os dois e ainda um ou outro, apropriado em situações de limpezas e manutenção. A desvantagem é o alto custo de instalação.

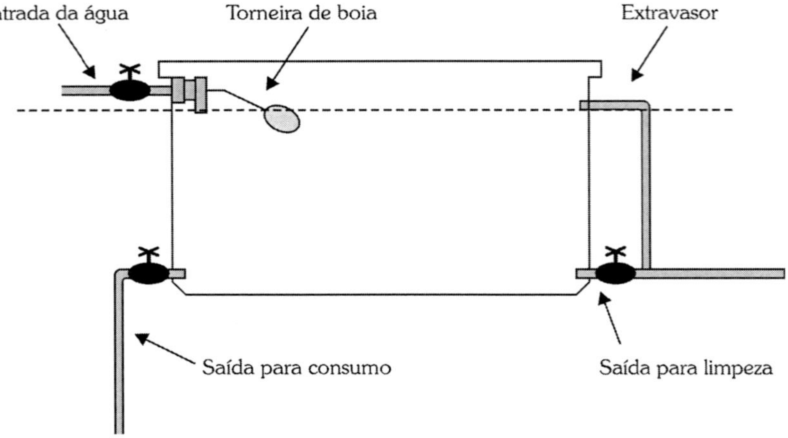

Caixa-d'água - esquema de ligação das tubulações

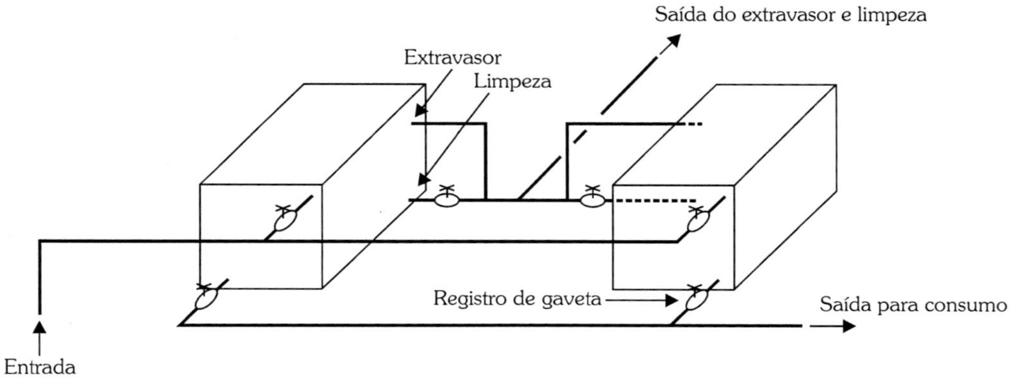

Caixa-d'água - esquema de ligação dupla

Detalhes das ligações

Furação da caixa para instalação das tubulações

A maneira mais prática para a instalação de tubos e conexões nos reservatórios é a utilização de serras **copo** que são adaptadas a furadeiras convencionais; deve-se primeiramente verificar o diâmetro externo do que vai ser fixado e depois escolher o diâmetro da serra copo apropriado para o furo a ser feito. Outra maneira, porém menos prática, é a execução de diversos furos sucessivos, um ao lado do outro, no diâmetro necessário; deve-se proceder ao acabamento com um estilete.

Importante é assentar o reservatório pelo menos 50 cm afastado de qualquer obstáculo para facilitar a instalação da tubulação.

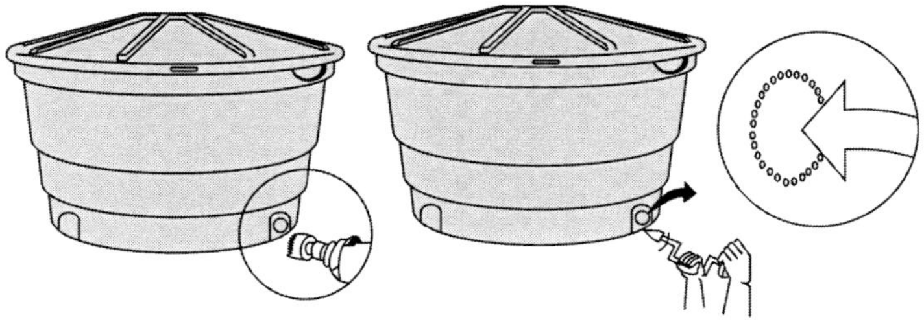

Fonte: www.eternit.com.br

Fonte: www.starret.com.br

Ligação da torneira de boia

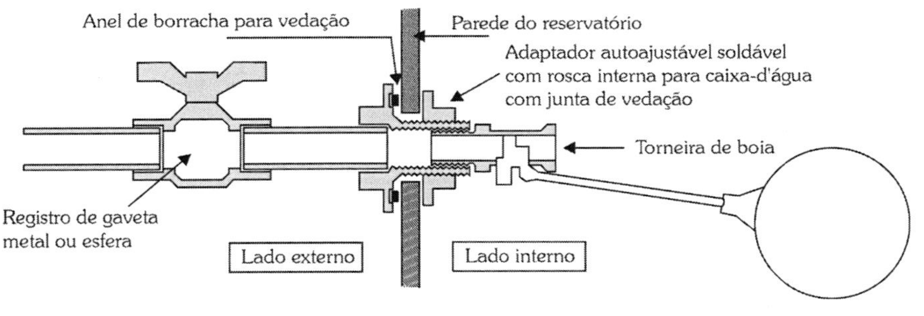

Ligação da saída de água para consumo

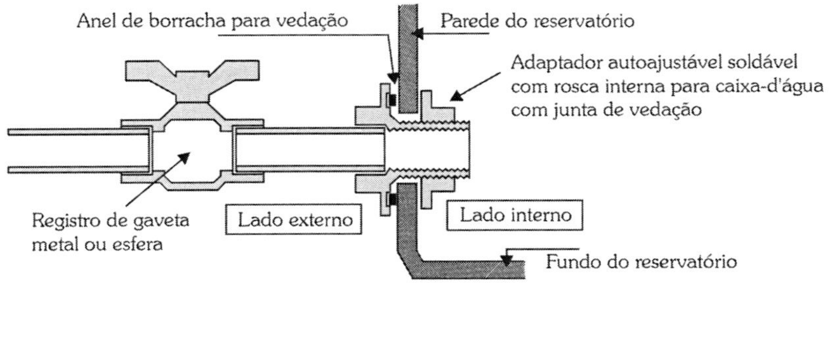

Ligação de extravasor (ladrão)

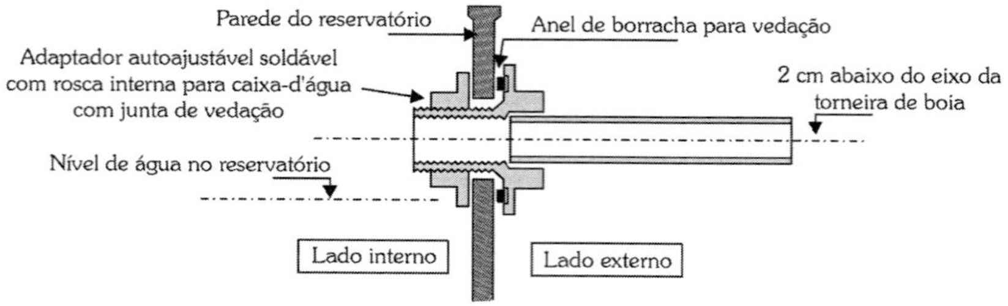

Ligação da limpeza

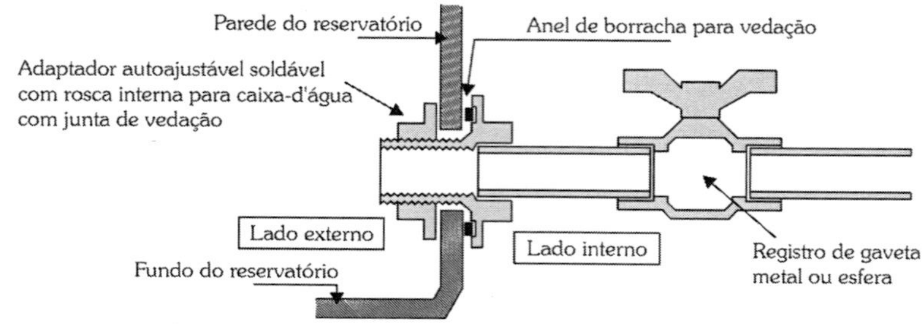

Atenção: *Mesmo o extravasor e a saída para limpeza podendo ter saídas diferentes, uma alternativa interessante é fazer a ligação do extravasor na mesma tubulação da saída para limpeza, pois reduz custos. Veja o esquema a seguir.*

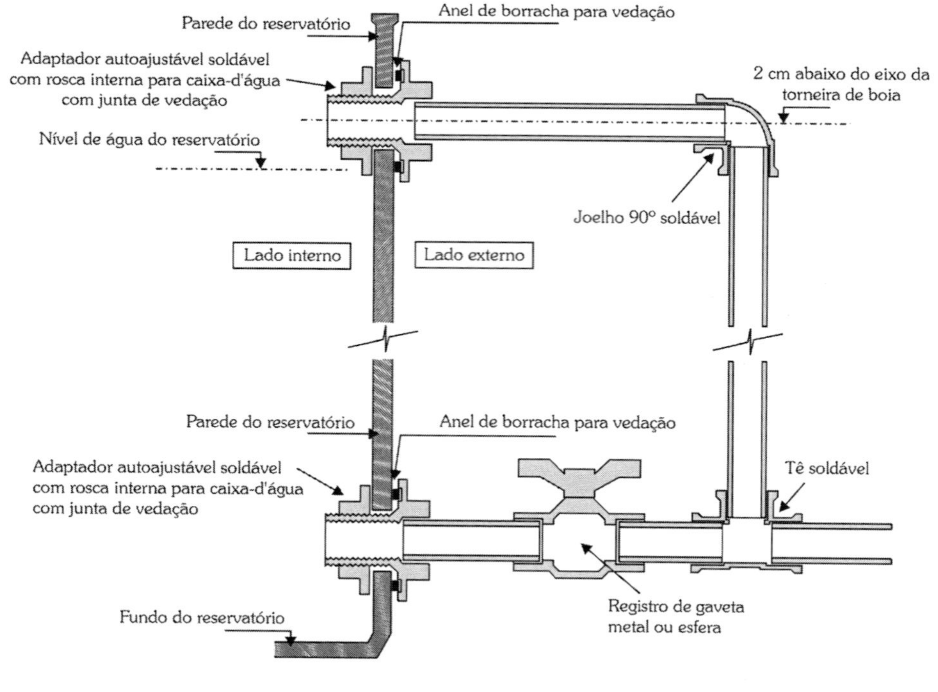

Caso haja problemas com a torneira de boia, e a água sendo drenada, é possível uma rápida visualização se a saída da tubulação estiver em lugar bem visível.

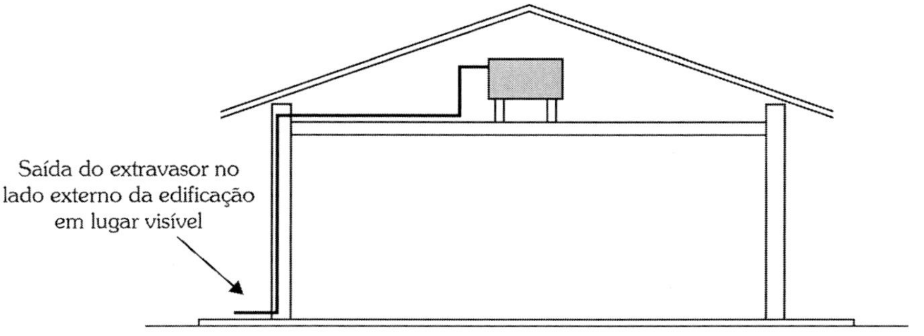

Tubulação enterrada

Comumente, no trecho compreendido entre o hidrômetro e o reservatório, parte da tubulação é executada em valetas abertas no solo. Nessa situação é possível que, com o adensamento da terra de aterro ou mesmo a passagem de veículos, ocorram pressões excessivas que podem romper a tubulação. Vejamos algumas orientações:

- A profundidade mínima da valeta deve ser de 40 cm.
- Colocar uma base de areia de pelo menos 10 cm de espessura.
- Não colocar o tubo demasiadamente em linha reta, caso a distância seja superior a 5 m. Isso evita o rompimento da tubulação nas conexões devido ao efeito de retração da tubulação em dias frios.
- Cobrir a tubulação com areia com pelo menos 10 cm de espessura.
- Aterrar o restante com terra isenta de pedra, pedaços de madeira, pregos, pedaços de ferro ou qualquer outro elemento que possa danificar a tubulação. Não usar terra com restos orgânicos.
- A compactação deve ser lenta e gradual para não haver rompimento da tubulação.
- Em lugares onde há passagem de veículos (garagens e calçadas), recomenda-se que a profundidade mínima da valeta seja de 70 cm. Caso não seja possível tal situação, recomenda-se a execução de placas de concreto sobre a areia.

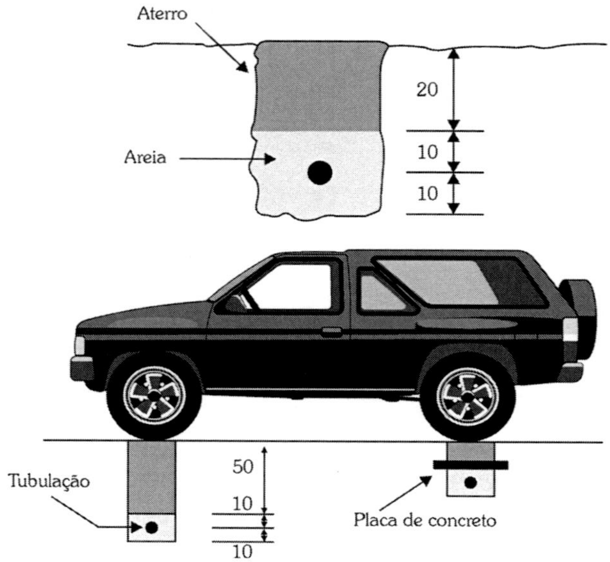

Dilatação térmica - Lira

Cuidado especial é preciso tomar com as tubulações, principalmente as extensas, que são montadas e expostas às intempéries, apesar de não ser aconselhável. Essas tubulações estão sujeitas a variações de temperatura que ocorrem entre o dia e a noite.

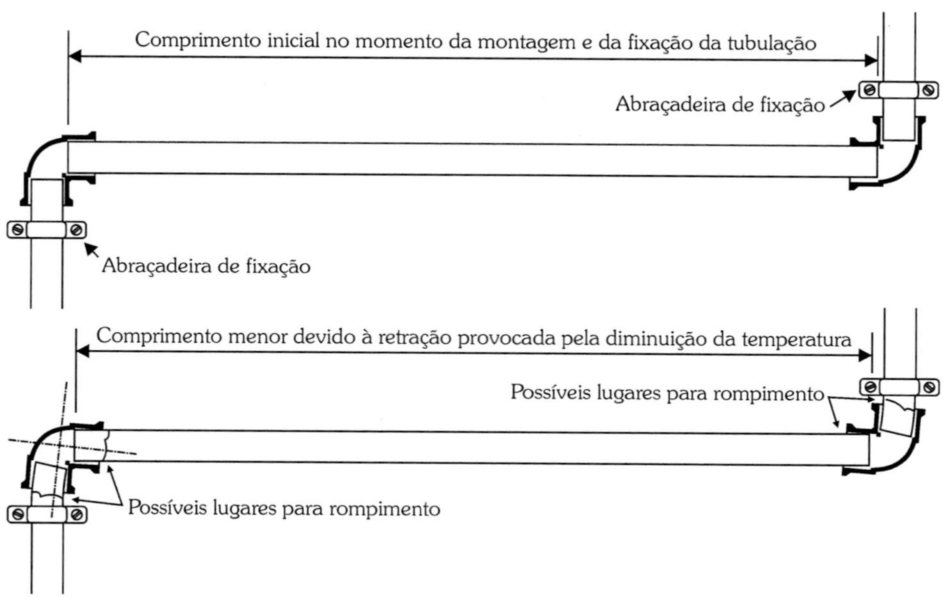

Vejamos o que acontece. Normalmente a montagem e a fixação das tubulações são realizadas durante o dia, quando a temperatura está mais alta e a tubulação está dilatada devido ao calor; durante a noite a temperatura diminui, fazendo que a tubulação, já fixada, sofra uma retração, provocando a diminuição de seu comprimento. Raciocínio inverso podemos considerar se a tubulação for montada durante a noite.

Se a tubulação for montada em linha reta e sem folgas para o trabalho de dilatação, pode sofrer rompimento próximo às conexões.

Para evitar tal situação, procede-se à execução de uma **lira** que consiste num desvio da tubulação em forma de retângulo sem ponto de fixação, o que ocasiona movimentação da tubulação, minimizando a possibilidade de rompimento da instalação provocado pela variação de temperatura. Importante lembrar que a lira deve estar voltada para baixo para não segurar as bolhas de ar que eventualmente apareçam na tubulação. Veja a ilustração seguinte:

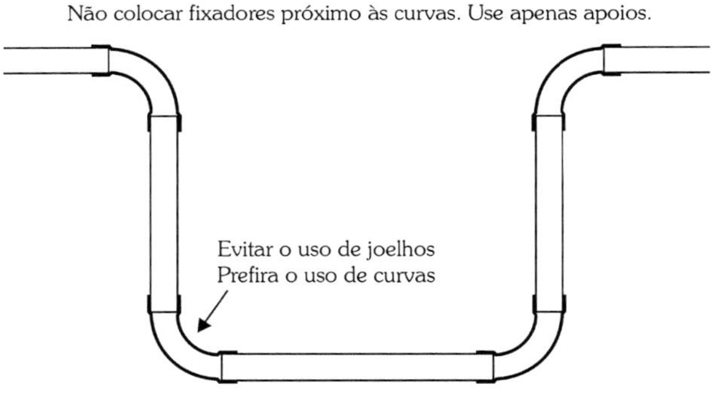

Procedimentos para a instalação

Ferramentas e acessórios[3]

Uma instalação de qualidade começa quando o profissional do ramo possui, ou tem disponíveis, condições para o trabalho e isso começa com o ferramental.

Da mesma forma, conhecemos um bom profissional observando o cuidado que ele tem com as ferramentas. Elas devem estar sempre limpas, em bom estado de funcionamento e guardadas em lugar apropriado. Listamos a seguir as ferramentas mais comuns:

---

[3] As imagens foram obtidas do site das seguintes empresas: Danny, Tramontina, Vonder, Bambu, Faber-Castell, Virax e Dismaferramentas. Os endereços eletrônicos das empresas estão disponíveis na bibliografia deste livro.

Óculos de segurança: essenciais para a proteção dos olhos (Danny)	
Chave de grifo: necessária para aperto e desaperto em tubulações com rosca (Vonder)	
Serra de fita com arco: utilizada para corte de tubos (Tramontina)	
Esquadro: para a verificação e marcação de ângulos de 90° e de 45° (Tramontina)	
Estilete: para cortes de rebarbas (Tramontina)	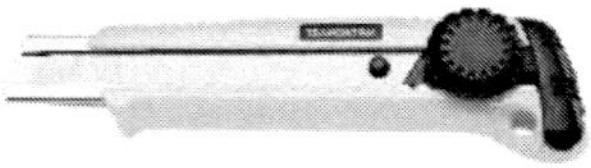
Chaves de fenda e Philips: tamanhos diversos (Tramontina)	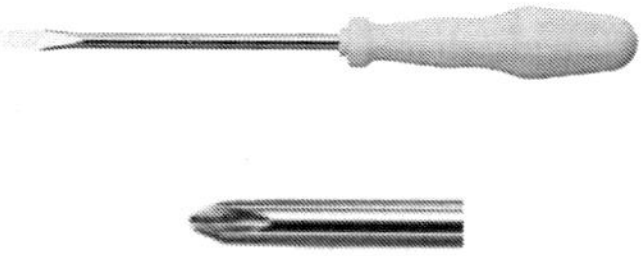
Nível de bolha: para marcação e conferência de níveis e prumos (Tramontina)	
Prumo de face: para marcação e conferência de prumos (Tramontina)	
Prumo de centro: para marcação e conferência de prumos (Tramontina)	
Martelo (Tramontina)	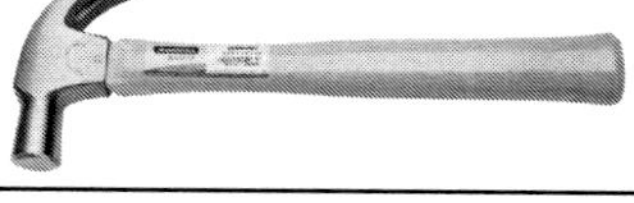

Alicate universal (Tramontina)	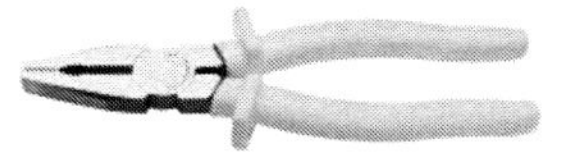
Marreta (Tramontina)	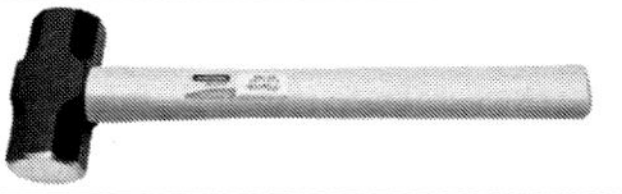
Talhadeira e ponteiro: para rasgos em alvenaria/concreto (Tramontina)	
Trena (Tramontina)	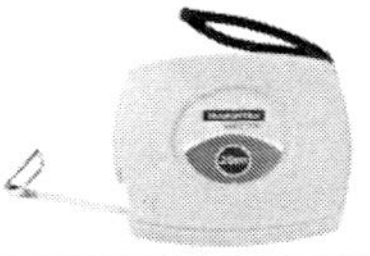
Metro comum (Bambu)	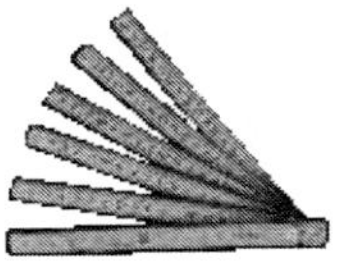
Lápis	
Chave de grifo para lavatório: para aperto e desaperto de torneiras sob os lavatórios (Vonder)	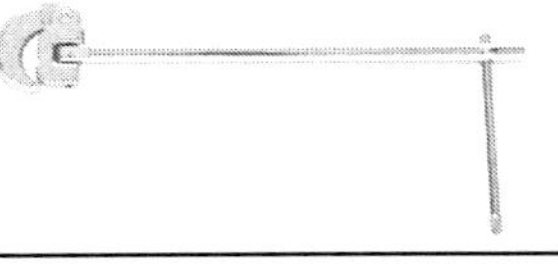
Morsa: usada para segurar tubos e peças que venham a ser cortados ou serrados (Vonder)	
Tarraxa para PVC: utilizada para a confecção de roscas (Dimasferramentas)	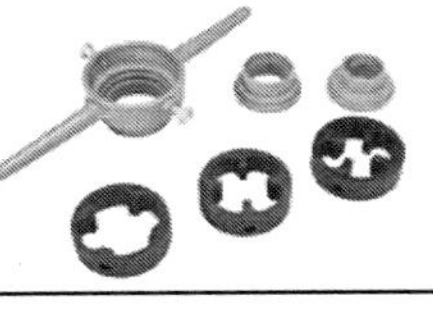
Corta-tubos: equipamento para corte de tubos de PVC (Virax)	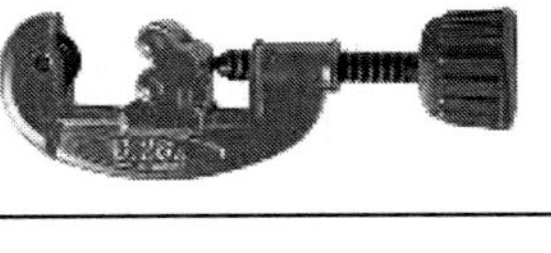

Comprimento de corte das tubulações

Há duas maneiras de determinar o comprimento de corte das tubulações.

A primeira é, uma vez marcada a posição dos tubos nas paredes e após a execução dos rasgos para embutimento da tubulação, efetuar as medidas trecho por trecho, cortar os tubos nas medidas dos rasgos e montá-los. Essa maneira faz com que o profissional perca tempo e trabalhe muitas vezes no meio da terra e da sujeira.

A segunda maneira, mais profissional e técnica, é executar os cortes e a montagem da tubulação de acordo com as medidas de projeto. Desta forma o serviço pode ser realizado em lugar apropriado, limpo e livre de terra e entulhos.

Para a determinação do comprimento de corte de um pedaço de tubulação deve-se verificar o que esse pedaço de tubo vai ligar: duas conexões? Uma conexão com um metal sanitário, um registro, por exemplo? De qualquer forma, o procedimento é bastante simples. Acompanhe o exemplo de uma tubulação soldável:

- Verificar a medida a entre eixos ou linha central no trecho a ser cortado.
- Medir o **eixo b** da conexão até a sua borda. Se houver um metal sanitário como um registro, por exemplo, medir do eixo desse metal até a borda da conexão do metal, depois de colocada.
- Medir o **comprimento c** da bolsa. As diversas conexões de diâmetro igual possuem o mesmo comprimento.
- Efetuar a seguinte conta:

$$\text{medida do tubo a ser cortado} = a - 2 \times b + 2 \times c$$

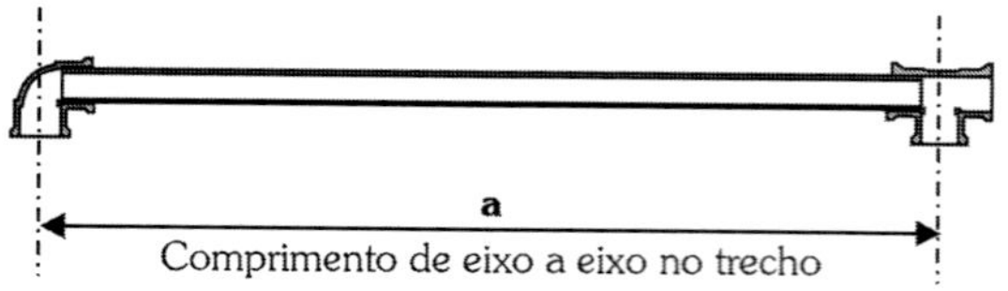

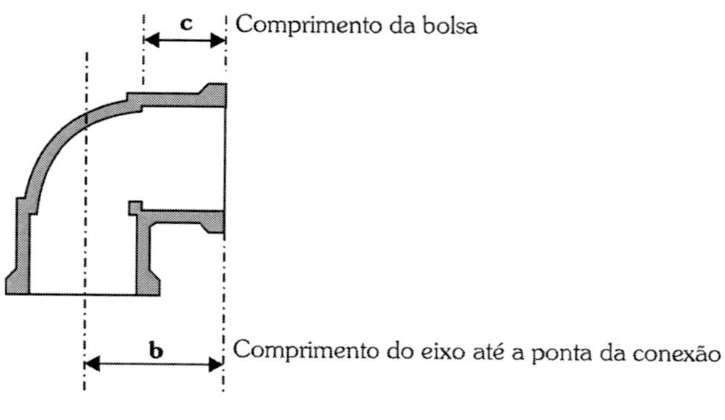

Vamos a um exemplo numérico:

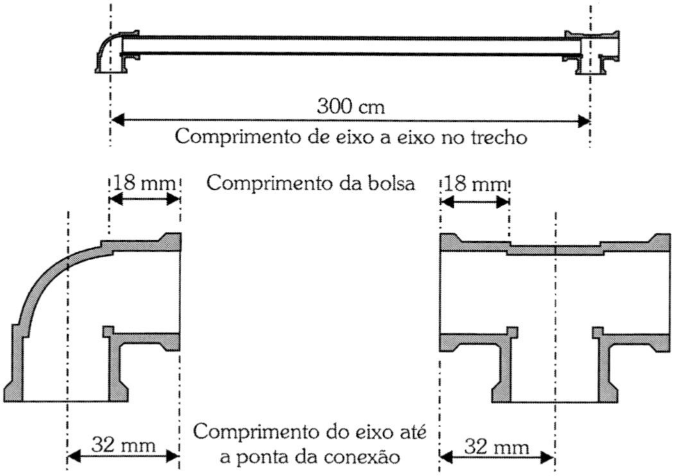

- Medida a = 300 cm
- Medida b = 32 mm ou 3,2 cm
- Medida c = 18 mm ou 1,8 cm
- Medida de corte do tubo = 300 – 2 x 3,2 + 2 x 1,8 = 297,2 cm

Observação: *O mesmo procedimento será feito caso as conexões sejam roscáveis, tomando o cuidado que uma peça rosqueada na outra nem sempre chega a atingir o fim da rosca.*

Conexões soldáveis e roscáveis

A grande vantagem do uso das tubulações e conexões em PVC é a extrema facilidade nos procedimentos para as uniões das partes. Para esse procedimento, bastam apenas uma lixa nº 100, estopa para limpeza, adesivo especial para PVC e líquido especial para limpeza de PVC.

As partes a serem coladas ou soldadas devem receber um leve lixamento para "quebra" da superfície lisa seguida de uma limpeza. Após esse procedimento é preciso aplicar o adesivo sem excesso nas partes a serem coladas e proceder à união entre as partes, efetuando um giro de um quarto de volta. Após a união, retirar o excesso de adesivo.

Atenção deve ser dada ao posicionamento das conexões em relação ao esquadro e à perpendicularidade. Esse procedimento deve ser breve porque a secagem do adesivo (cola) é rápido, em torno de dez segundos.

Quanto ao corte dos tubos, é preciso usar serra de fita e o corte na perpendicular em relação ao tubo. Depois do corte deve-se, ainda, utilizando um estilete ou uma lixa nº 100, retirar as rebarbas do corte e fazer um pequeno bisel ou chanfro na ponta pelo lado externo.

Para a conexão de peças com roscas, é preciso utilizar fitas de vedação chamadas veda rosca, fabricadas com o material politetrafluoretileno (PTFE), conhecido como Teflon®, e normalmente são fornecidas na largura de 12, 18 ou 24 mm em rolos de 5 e 10 m. O uso das fitas veda rosca proporciona uma vedação entre as peças rosqueadas, o que permite estanqueidade na tubulação.

Lixar a parte externa do tubo e a parte interna da conexão fazendo uma limpeza após o lixamento

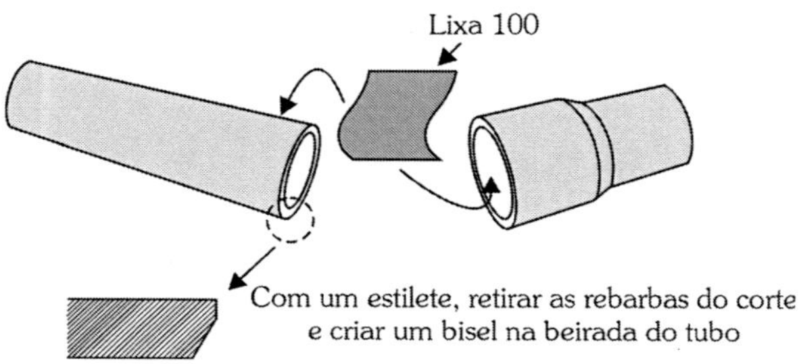

Aplicar adesivo (sem excesso) na parte externa do tubo e na parte interna da conexão

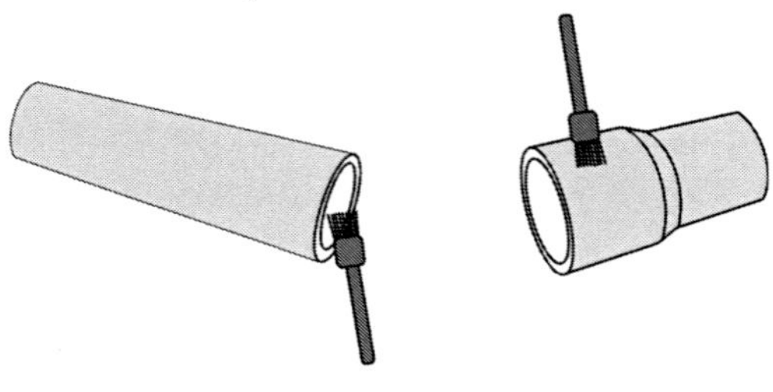

Aplicado o adesivo, proceder ao encaixe das peças forçando 1/4 de volta. Limpar os excessos.

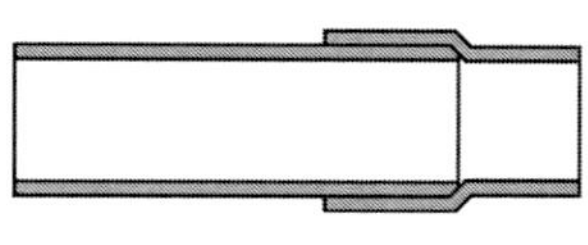

Observações e cuidados nas junções rosqueadas[4]:

- Para o corte dos tubos, deve-se usar apoios, preferencialmente morsas, com o cuidado de não "esmagar" o tubo, Figura 1.
- O corte deve ser o mais perpendicular possível - no esquadro - em relação ao tubo, Figura 2.

Figura 1

Figura 2

- Posicionar o cossinete e, num movimento de vai e vem, fazer rosca até a espessura do cossinete, Figura 3.
- Colocar a fita veda rosca no sentido do filete da rosca, sempre sobrepondo as voltas, Figura 4. A quantidade de voltas não deve ser excessiva para não forçar a tubulação quando for rosqueada. Recomendamos cinco a seis voltas quando a união for feita entre peças de PVC. No caso de uma conexão roscável com uma peça de metal - um registro, por exemplo - a quantidade de voltas deve ser dobrada.

Figura 3

Figura 4

[4] As fotos utilizadas foram extraídas do site www.tigre.com.br.

- Nunca fazer uso de massa de vedação, zarcão, fios de estopa ou outros materiais nas roscas de PVC. Pelo excesso de espessura esses materiais podem romper a conexão. Use a fita veda rosca, é mais fácil.
- As conexões roscáveis com o uso de fita veda rosca devem ser apertadas sem exagero. Normalmente o forte aperto com as mãos já é suficiente.

Posicionamento das conexões e do registro

Definida a posição das tubulações e dos registros, é necessário o seu posicionamento definitivo. Para isso é necessário conhecer a superfície da parede ou piso em sua cota acabada (depois de colocados todos os revestimentos).

As conexões que recebem metais sanitários, tais como torneiras e chuveiros, devem estar rentes (no mesmo nível) e numa perpendicular (ou no esquadro) com a superfície acabada. Quanto aos registros (pressão e gaveta) devem obedecer a uma profundidade recomendada pelo fabricante e estar numa perpendicular com a superfície acabada.

Essas instruções certamente vão proporcionar que as torneiras, chuveiros válvulas e registros fiquem bem posicionados, contribuindo para que as peças de acabamento e canoplas fiquem bem colocadas na superfície, ou seja, não fiquem tortas. No caso de registros e válvulas, proporciona manutenção ou, eventualmente, a troca de parte de seus mecanismos de acionamento. Veja as figuras a seguir.

Registros e válvulas

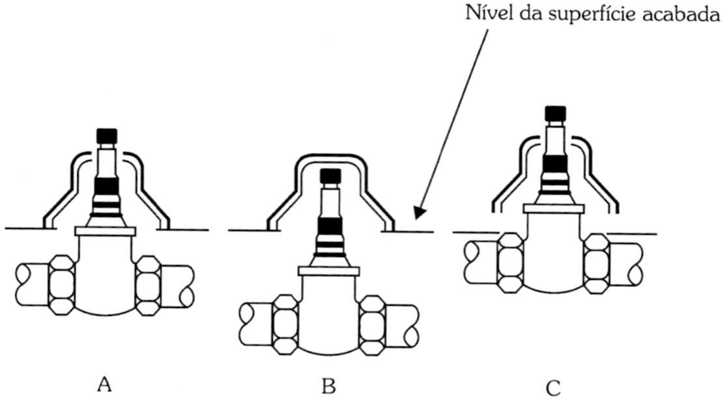

Fonte: Adaptado de www.deca.com.br

A **situação A**, da figura anterior, é a ideal. Facilidade de manutenção e perfeito posicionamento da canopla de acabamento.

Na **situação B**, o registro está muito embutido, o que dificulta a sua manutenção, e é necessário colocar um complemento para o seu acionamento caso seja necessária a colocação da canopla de acabamento.

Na **situação C**, há facilidade de manutenção, porém a canopla não encosta na superfície, portanto é preciso um complemento.

Conexões

Considere a figura seguinte:

- **Situação A:** a conexão está no esquadro e profunda; o metal sanitário não alcança a conexão.
- **Situação B:** a conexão está no esquadro e muito para fora; a canopla de acabamento não encosta na superfície, ela fica solta. Neste caso há necessidade de usar um prolongador para a conexão.
- **Situação C:** a conexão está torta e profunda; o metal sanitário não alcança a conexão.
- **Situação D:** a conexão está torta e muito para fora; a canopla de acabamento não encosta na superfície, ela fica solta.

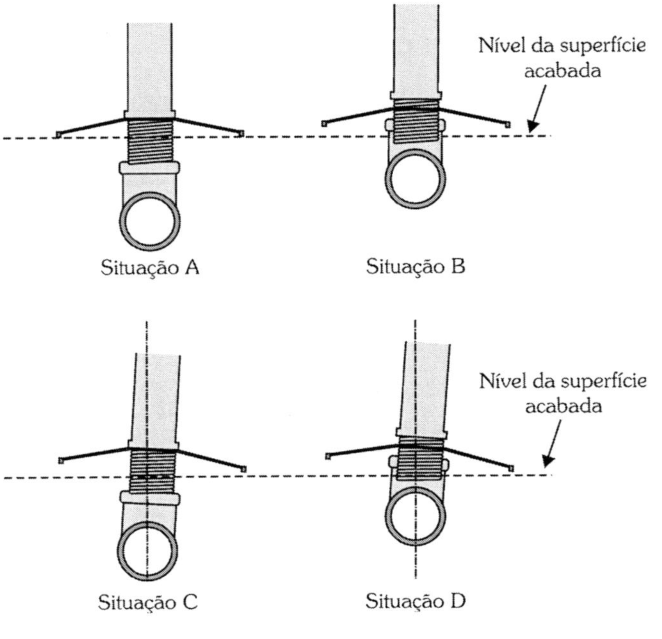

> ***Observação:*** *Para as situações B e D, é necessário o uso de prolongadores conforme a figura*[5] *seguinte, os quais podem ser fornecidos em diversos tamanhos.*

- **Situação ideal:** a conexão está no esquadro e rente à superfície; o metal sanitário alcança a conexão e a canopla encosta perfeitamente na superfície.

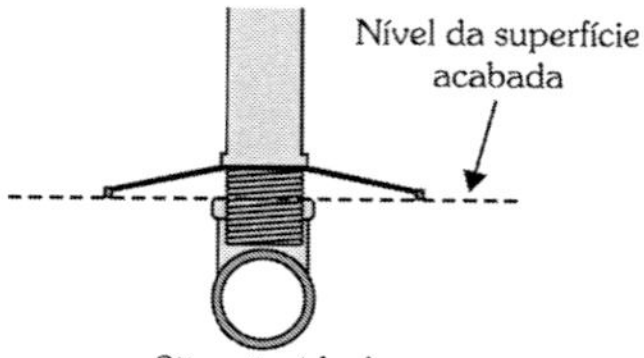

Situação ideal

Uma dica interessante é, antes de soldar a conexão na tubulação, fazer uma marcação de posição final entre o tubo e a conexão e ainda trabalhar sempre em superfícies planas.

Altura dos pontos para consumo

A altura dos pontos de consumo pode variar muito de acordo com o projeto, conforme o gosto do consumidor e o tipo do complemento, principalmente das torneiras e das peças sanitárias. Neste sentido aconselhamos sempre a consulta aos manuais de instalação.

De forma geral, mostramos duas figuras para orientar a escolha das alturas.

---

[5] Fonte: www.luarrepresentacoes.com.br

Banheiro

Altura dos pontos de ligação de água

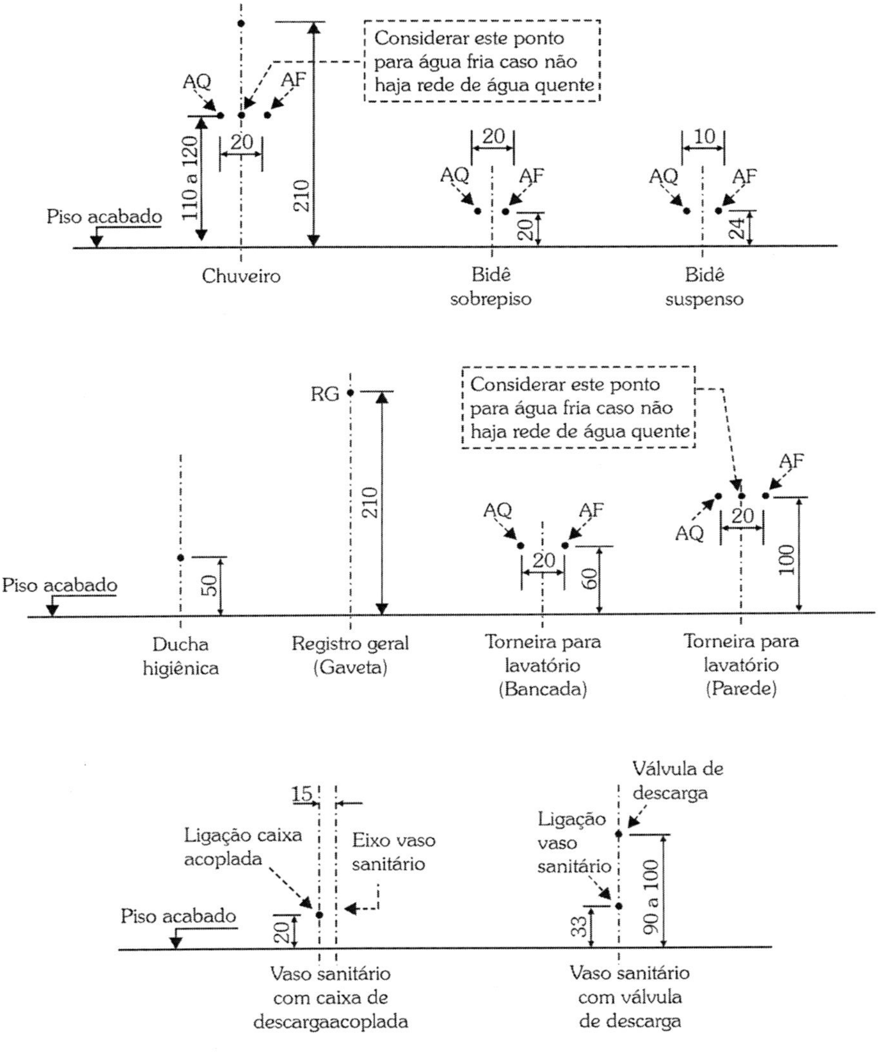

Cozinha e área de serviço
Altura dos pontos de ligação de água

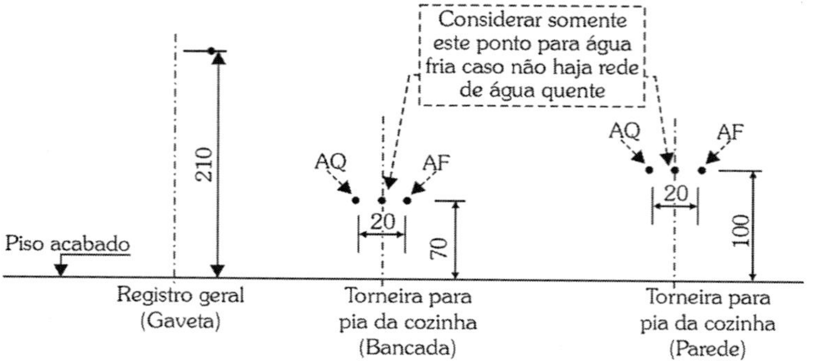

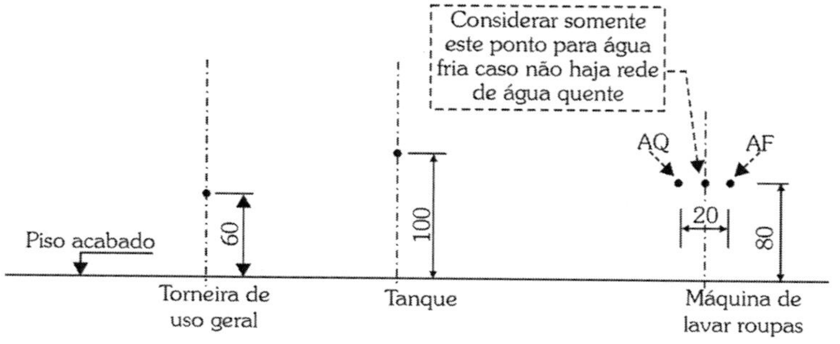

Conexões para Drywall

Drywall é um sistema de paredes executado com o **gesso acartonado**, que é composto de placas de gesso montadas sobre perfis de ferro galvanizado. Esses perfis são montados e fixados em suas posições definitivas e as placas de gesso são aparafusadas em ambas as faces desses perfis.

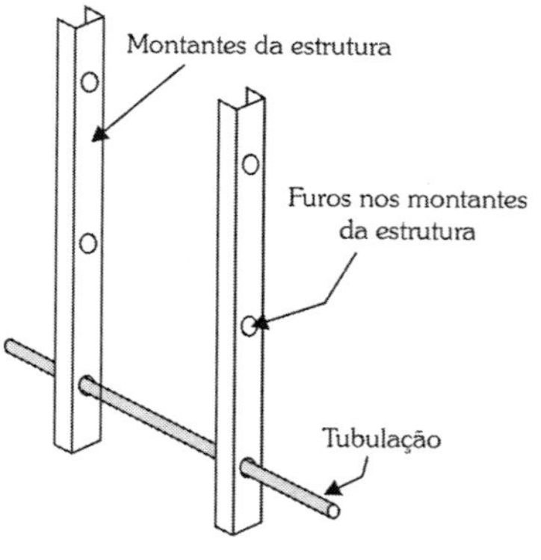

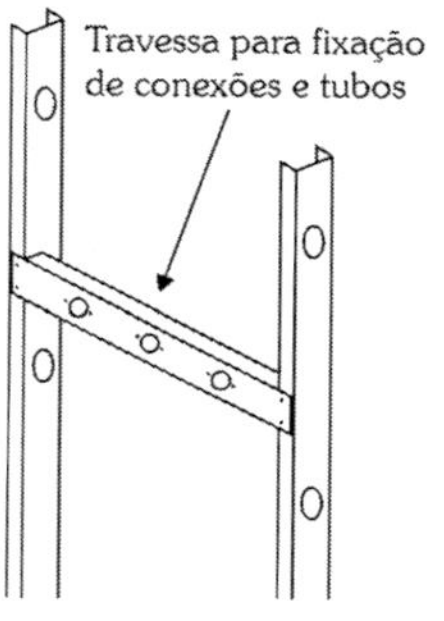

Diferentemente das alvenarias de tijolos onde as tubulações são embutidas e fixadas com argamassa, nas paredes de gesso acartonado as tubulações têm suas passagens no interior das paredes, no meio da estrutura que contém buracos para tal fim (servem também para a passagem das instalações elétricas). As conexões são presas em suportes apropriados que são fixados entre os montantes.

As instalações de água fria nessas paredes seguem os mesmos procedimentos vistos anteriormente, diferenciando-se apenas na fixação de registros, válvulas e as conexões que recebem outros dispositivos, tais como as torneiras. Apresentamos a seguir as principais conexões utilizadas nesse tipo de instalação.

> ***Observação***
>
> *Há outros tipos de conexões e apoios, portanto para instalações mais elaboradas, como, por exemplo, instalação de água quente, é importante consultar os revendedores ou ainda o fabricante por meio de seus serviços de atendimento ao consumidor ou catálogos técnicos.*
>
> *Há no mercado diversos fornecedores, cada um com seu sistema de fixação. Novamente recomendamos a consulta a esses fabricantes.*

Registro de pressão

Registro de gaveta

Joelho

Válvula de descarga

Travessas ou suportes de fixação

Fonte: www.docol.com.br/produtos_grupos/docolmodulos-10

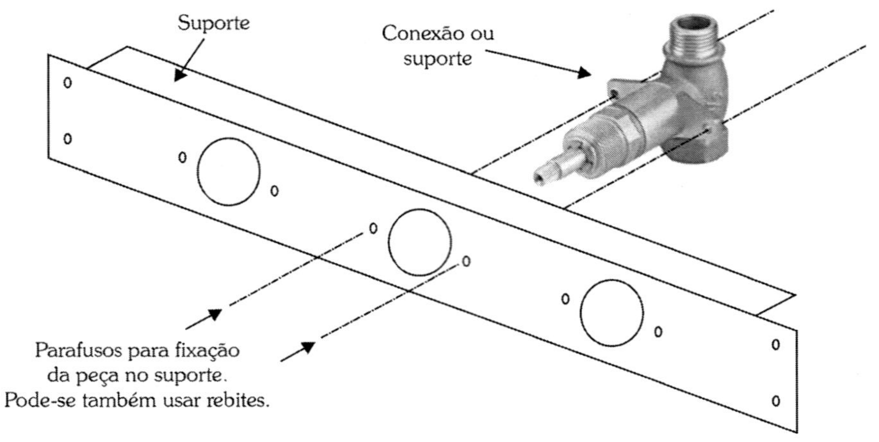

Cisternas e reservatórios inferiores

Característica e função

As cisternas e os reservatórios têm por função proporcionar armazenamento e/ou abastecimento de água à edificação quando não há pressão suficiente na rede pública para que a água chegue aos reservatórios superiores, o que se consegue somente por meio de bombeamento. Desta forma temos o chamado abastecimento indireto, como vimos em capítulo anterior.

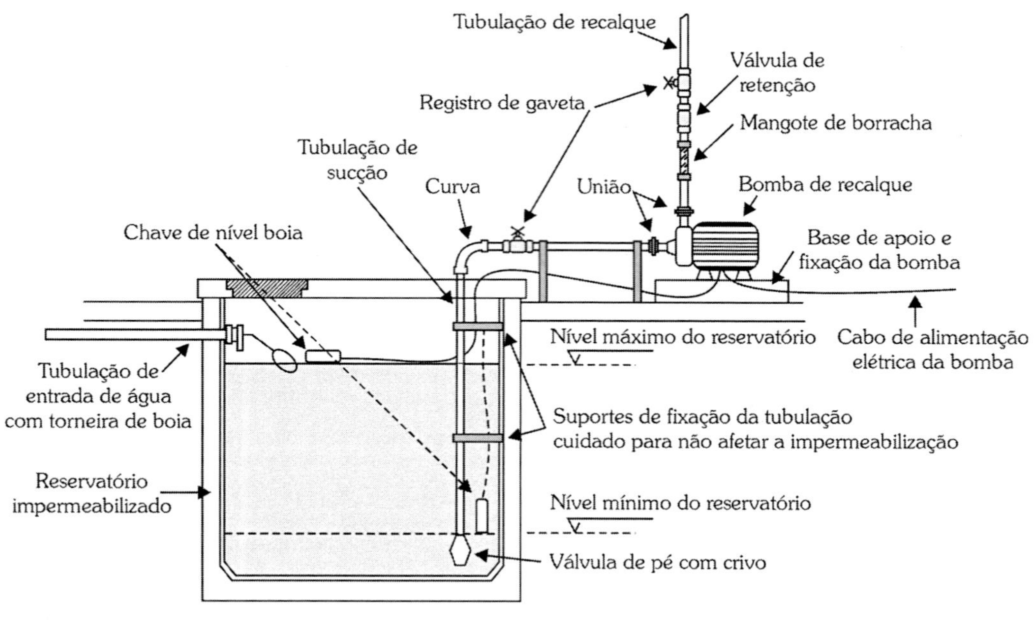

O seu sistema consiste em um reservatório enterrado que recebe a água da concessionária. Por meio de bombas centrífugas a água é então bombeada para reservatórios superiores instalados sobre as lajes das residências ou no último pavimento dos edifícios, para então ser distribuída às instalações internas da edificação.

Os principais componentes de um reservatório inferior básico podem ser observados no esquema apresentado anteriormente.

Bombas centrífugas

Tipo de bomba

Resumidamente, podemos dizer que as bombas têm por função bombear a água de um lugar para outro, neste caso de um reservatório inferior para um reservatório superior. O tipo ideal de bomba deve ser dimensionado por profissional habilitado que vai considerar:

- Altura de sucção: é a altura do ponto de captação (válvula de pé) até a bomba.
- Altura de recalque: é a altura da bomba até o ponto de entrada da tubulação no reservatório superior.
- Diâmetro da tubulação.
- Perdas de carga.
- Capacidade dos reservatórios.
- Tempo de enchimento do reservatório superior.

Quanto à sua ligação elétrica, deve ser executada somente por profissional habilitado.

Fonte: www.ksb.com.br

Apenas para efeito de ilustração, apresentamos os dados de operação de dois modelos de bombas da KSB:

<table>
<tr><th rowspan="2">Modelo</th><th rowspan="2">Potência do motor</th><th colspan="2">Diâmetro das tubulações</th><th rowspan="2">Vazão</th><th colspan="2">Altura</th></tr>
<tr><th>Sucção</th><th>Recalque</th><th>Recalque</th><th>Sucção</th></tr>
<tr><td rowspan="2">C 700</td><td rowspan="2">0,75 HP</td><td rowspan="2">1 1/2"</td><td rowspan="2">1 1/2"</td><td>3 m³/h</td><td>15,8 m</td><td rowspan="4">7 m (máximo)</td></tr>
<tr><td>16,5 m³/h</td><td>4 m</td></tr>
<tr><td rowspan="2">C 1010</td><td rowspan="2">1,0 HP</td><td rowspan="2">1 1/2"</td><td rowspan="2">1 1/2"</td><td>3 m³/h</td><td>19,8 m</td></tr>
<tr><td>17,4 m³/h</td><td>4 m</td></tr>
</table>

Fonte: Adaptado de www.ksb.com.br

Instalação

As bombas são equipamentos com um rotor que fornece energia ao líquido que está bombeando. Isso faz o equipamento produzir vibrações que são transmitidas tanto para a tubulação de sucção como para a tubulação de recalque. Se não forem tomadas medidas preventivas, essas tubulações podem se romper ou ainda comprometer a sua fixação. As medidas mais comuns são:

- A bomba deve ser fixada em sua base por meio de coxins que absorvem parte da vibração.
- Deve ser instalada, próximo à bomba, nas tubulações de sucção e de recalque, uma "união" que tem por finalidade proporcionar a retirada da bomba para eventuais reparos ou manutenção.
- Para que a vibração da bomba não seja transmitida à tubulação de recalque, deve ser instalado um mangote de borracha logo depois da união instalada.
- É importante prever uma cobertura para a bomba, protegendo-a das intempéries.
- Os fios elétricos de ligação da bomba devem ser convenientemente protegidos.
- Efetuar a manutenção da bomba conforme as recomendações do fabricante, pois proporciona aumento da vida útil do equipamento.
- Em instalações onde a falta de água pode ocasionar sérios problemas, como, por exemplo, escolas, condomínios, hospitais etc., instalar uma bomba reserva.
- Instalar uma válvula de retenção na tubulação de recalque para evitar que a água dessa tubulação não retorne ao reservatório inferior.

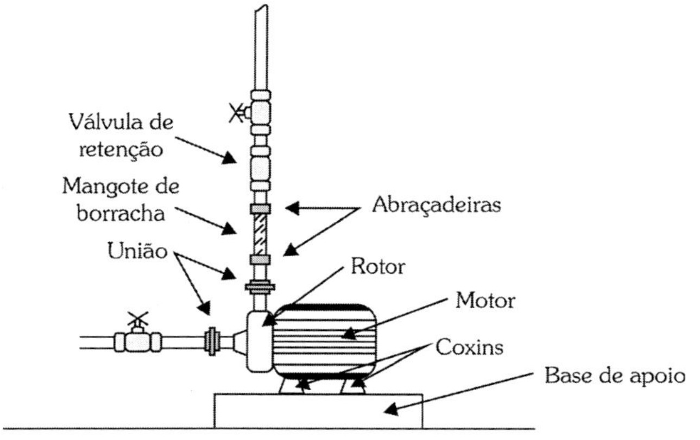

Escorva

Para que as bombas tenham o máximo de rendimento, é necessário que se evite a presença de ar na tubulação de sucção. Quando existe ar na tubulação, o rotor da bomba gira e não consegue bombear a água porque a presença de ar dificulta a sucção da água.

Para que isso não ocorra, é necessário fazer uma escorva na tubulação de sucção, antes do funcionamento da bomba. Isso consiste em preencher de água o trecho compreendido entre a bomba e a válvula de pé.

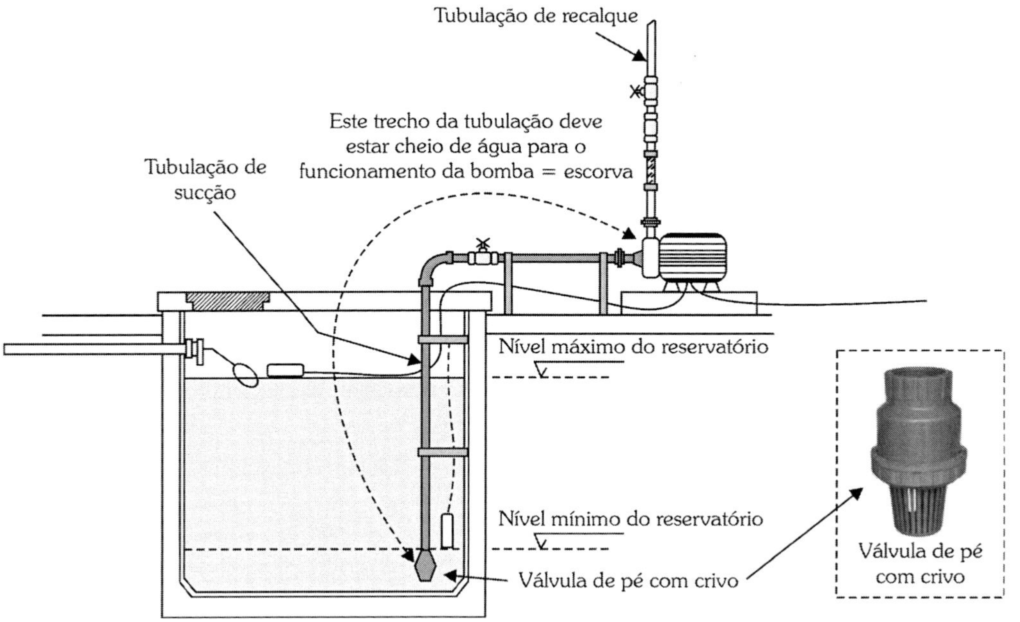

Fonte da válvula de pé com crivo: www.tigre.com.br

A válvula de pé funciona como uma válvula retentora que evita que a água escorra pela tubulação de sucção, mantendo assim esse trecho sempre com água. Normalmente, nessas válvulas existe um crivo que evita a entrada de sujeiras e outras partículas pela tubulação e deve ser instalado a pelo menos 20 cm do fundo do reservatório para que a força de sucção não arraste para a tubulação as partículas depositadas no fundo.

Como se faz a escorva? Toda bomba centrífuga possui um orifício situado acima do rotor, tampado por um parafuso chamado de bujão. Retira-se esse parafuso e com o uso de um funil faz-se o enchimento do trecho de sucção. Há sistemas mais complexos em que a escorva é feita por outros processos.

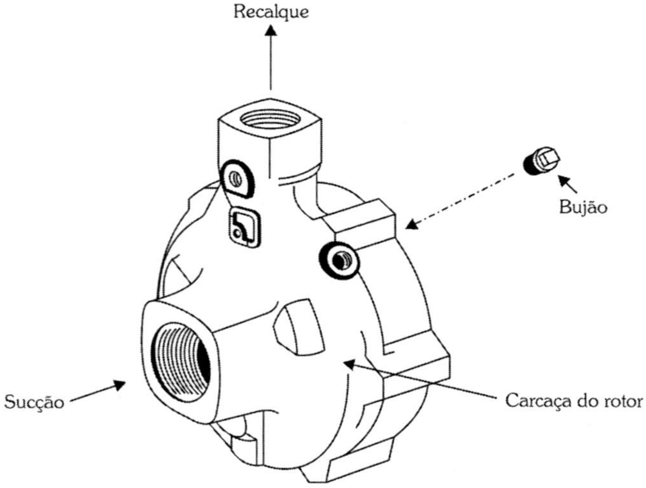

Fonte: Adaptado de www.amanco.com.br

Dispositivo de controle

Como já sabemos, um sistema de bombas de recalque leva a água de um reservatório inferior para um reservatório superior. O problema agora é saber quando o reservatório superior está cheio para poder desligar a bomba.

Existem no mercado diversos dispositivos para efetuar esse controle de forma automática, sem a necessidade de vigilância. Apresentamos o mais comum que é a chave de boia do tipo pera.

Essa boia é colocada nos dois reservatórios, ligados eletricamente à bomba. Possuem no interior um dispositivo que, conforme a sua posição dentro do reservatório, liga ou desliga a bomba. Basicamente essa boia assume duas posições conforme o reservatório em que está ligada:

a) No reservatório superior

- Quando o reservatório está cheio, a boia fica na posição horizontal, desligando o motor da bomba.

- Quando o reservatório está vazio, a boia fica na posição vertical, ligando o motor da bomba. Para controle e determinação do nível em que a boia desliga o motor da bomba, simplesmente se regula o comprimento do cabo elétrico da boia.

b) No reservatório inferior

A bomba não pode ser acionada sem a devida carga de água. Isso prejudica o seu funcionamento e, consequentemente, a sua vida útil. Pode haver falta de abastecimento da concessionária, o reservatório inferior ficar vazio e o nível da água do reservatório superior baixar, deixando a boia na posição vertical, ligando a bomba. Nessa situação a bomba será ligada sem, no entanto, ter água para bombear.

Para evitar tal situação, pode-se instalar também uma boia de nível com efeito contrário: quando na posição vertical, desliga a bomba.

Fonte: www.nivetec.com.br/htm/chnivelboiapera.htm

Recebimento das instalações - Testes

Concluída a instalação de toda a tubulação e antes de fazer os revestimentos, é necessário verificar se não há pontos de vazamento, principalmente nas conexões. Esse procedimento é importante para detectar o mínimo de vazamentos que, depois do revestimento, só vamos perceber após algum tempo, muitas vezes depois de passados alguns meses da instalação.

O ideal neste caso é utilizar uma bomba apropriada para teste hidrostático munida de manômetro que permite aumentar de forma gradual a pressão da água. O procedimento básico, conforme a NBR 5626, está descrito a seguir:

- A tubulação a ser ensaiada deve estar cheia de água, tomando o cuidado para que não haja ar no interior.
- A pressão de ensaio estático, ou seja, água parada na tubulação, deve ser 1,5 vez a pressão prevista no projeto, sendo a pressão mínima de 100 KPa (10 mca ou 1 kgf/cm^2).

- Todos os pontos de saída de água devem ser tampados com o uso de plugues ou tampões, menos um ponto onde deve ser conectado o equipamento para o teste. Os ramais de alimentação que saem do reservatório (caixa-d'água) devem estar devidamente tampados e vedados (ou fechar o registro de saída).
- Quando a pressão atingir o valor de teste, a tubulação deve ser inspecionada visualmente para a verificação de vazamentos. A tubulação será considerada sem vazamentos se depois de uma hora não houver queda de pressão. Caso haja vazamentos, eles devem ser corrigidos e o teste feito novamente.

A seguir estão alguns modelos de bombas manuais para teste hidrostático:

Fonte: www.alimaqmix.com.br

Fonte: www.sbbombas.com.br

Caso não seja possível a utilização de uma bomba para teste hidrostático, pode-se utilizar uma alternativa bastante prática, mas sem a possibilidade de determinar os valores das pressões atingidas nos procedimentos. Esse processo é semelhante ao descrito anteriormente, apenas com uma diferença. Em vez da utilização de uma bomba, liga-se a tubulação diretamente na rede pública de abastecimento (concessionária) por meio de uma mangueira comum e aguardam-se 24 horas para a verificação de possíveis vazamentos.

Insumos

Para a execução das instalações, adaptamos da Amanco tabelas do consumo aproximado de adesivo, solução limpadora e fita veda rosca. Apresentamos também as embalagens normalmente fornecidas.

Lembre-se de que os dados a seguir se referem ao consumo ideal, não considerando perdas provocadas por mau uso e conservação.

Solução limpadora					
Consumo por cm³/junta					
DN	20	25	32	40	50
(cm^3/junta)	2	3	5	6	10
Quantidade de limpeza por embalagem					
DN	20	25	32	40	50
Frasco de 200 cm^3	100	66	40	33	20
Frasco de 500 cm^3	250	166	100	83	50
Frasco de 1.000 cm^3	500	333	200	166	100

Adesivo					
Consumo por gramas/junta					
DN	20	25	32	40	50
(gramas/junta)	1	2	3	5	8
Quantidade de solda por embalagem					
DN	20	25	32	40	50
Bisnaga com 17 gramas	17	8	5	3	2
Bisnaga com 75 gramas	75	37	25	15	9
Frasco com 175 gramas	175	87	58	35	21
Frasco com 440 gramas	440	220	146	88	55
Frasco com 850 gramas	850	425	283	170	106

Veda rosca					
Consumo por mm/junta					
DN	1/2"	3/4"	1"	1 1/4"	1 1/2"
(m/junta)	0,3	0,4	0,5	0,9	1,4
Espessura da fita (mm)	12	12	18	18	18
Quantidade de junta vedada por embalagem					
DN	1/2"	3/4"	1"	1 1/4"	1 1/2"
12 mm x 10 m	33	24	---	---	---
12 mm x 25 m	83	62	---	---	---
18 mm x 10 m	---	---	20	11	7
18 mm x 25 m	---	---	50	27	17
18 mm x 50 m	---	---	100	55	35

Exercícios

1. Um trecho de tubulação entre um joelho e um tê (soldáveis), em PVC de 50 mm de diâmetro, possui 97 cm de comprimento entre eixos. Determine o comprimento do tubo a ser cortado.
2. Determine o consumo de solução limpadora e de adesivo para conexões em PVC para água fria com DN 32 mm, sabendo que precisamos usar 30 conexões.
3. Ao inspecionar uma residência, como podemos identificar indícios de vazamento nas tubulações de água?
4. Ao efetuar uma instalação de água, verificamos que será preciso utilizar uma "cruzeta", mas não a possuímos. Que solução é possível?

3 Água Quente

Introdução

Para a obtenção de água quente podemos utilizar basicamente dois tipos de sistemas, a saber:

- Os de aquecimento por passagem ou individuais que não necessitam de tubulações ou rede de água quente, específicos para a alimentação dos pontos de consumo. São equipamentos elétricos ou a gás apropriados apenas para um determinado ponto ou a um só ambiente.
- Os de aquecimento central, que são apropriados para uso coletivo, abastecendo toda uma edificação e, por consequência, diversos pontos de utilização. Neste caso, é necessária uma rede de tubulação de água quente que faz a distribuição da água aquecida, seja por meio elétrico ou por gás.

Independentemente do sistema utilizado, temos no mercado vários tipos de tubo, sendo os de cobre, que necessitam de revestimento térmico com espuma de polietileno ou de poliuretano, e outros como os CPVC, PEX e PPR, que já possuem características de isolamento térmico. Esses tipos de tubo são estudados em item adiante.

Tipos de aquecimento

Aquecimento por passagem ou individual

Elétrico

O mais comum de todos. Consiste na utilização de dispositivos ou aparelhos que aquecem a água diretamente no ponto de consumo, normalmente por meio elétrico, tais como as torneiras e chuveiros. Nesses sistemas a água fria passa por uma resistência elétrica dentro do aparelho onde é aquecida quando passa por essa resistência. Nestes casos, não há necessidade de instalações especiais; basta ter um ponto de energia (tomada elétrica) próximo ao ponto de utilização.

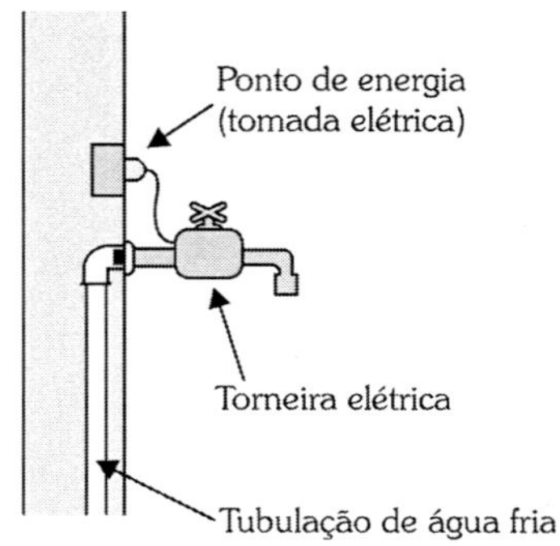

É importante que os fios elétricos dessa tomada estejam dimensionados de acordo com o consumo de energia do aparelho, sendo necessário consultar um técnico para essa verificação.

Gás

Outro dispositivo é o aquecedor de passagem, normalmente a gás, instalado preferencialmente em banheiros que proporcionam água quente quase instantaneamente em um ou dois pontos de utilização, tais como o chuveiro e a torneira do lavatório (em alguns casos também a banheira). Nada impede a sua instalação nos demais cômodos de uma residência, como cozinhas e áreas de serviço.

O funcionamento do sistema é bastante simples. Os aquecedores de passagem devem possuir basicamente os seguintes dispositivos:

- Detector de fluxo de água que faz o aquecedor somente ser ligado quando há fluxo de água na tubulação de água quente, como, por exemplo, abrir uma torneira. Quando o fluxo de água é interrompido, o aparelho é desligado automaticamente.
- Dispositivo que interrompe o gás quando há alguma falha de funcionamento no fornecimento do gás.
- Dispositivo que interrompe o gás quando há superaquecimento ou falta de água.

- Chama piloto que permanece acesa e é responsável pelo acendimento completo quando há passagem de água no sistema, o que acontece instantaneamente quando se abre, por exemplo, uma torneira. Há aparelhos sem chama piloto, possuindo apenas um dispositivo elétrico alimentado por pilhas, que acende o gás quando há passagem de água.
- Sistema de exaustão forçada quando não é possível uma exaustão natural pela chaminé de exaustão.

O sistema de aquecimento a gás por passagem, para evitar riscos, requer projeto específico efetuado por técnicos habilitados que vão atender rigorosamente as normas técnicas, porque os gases provenientes da queima do gás podem ficar presos no ambiente, o que provoca intoxicações, causa danos à saúde e ainda, caso haja (o que é muito difícil) um vazamento do gás, risco de explosão. Neste sentido, além da manutenção constante de acordo com as recomendações dos fabricantes dos aparelhos, os principais cuidados a serem tomados são os seguintes:

- O ambiente deve possuir no mínimo **duas aberturas de ventilação permanente**, sendo uma inferior e outra superior, que proporcionam a perfeita circulação do ar no ambiente; quanto mais ventilação, melhor. Isso é necessário porque a ventilação, no caso de falha do equipamento, dispersa possíveis concentrações de monóxido de carbono no ambiente, o que pode causar asfixia (esse gás não tem cheiro nem cor).

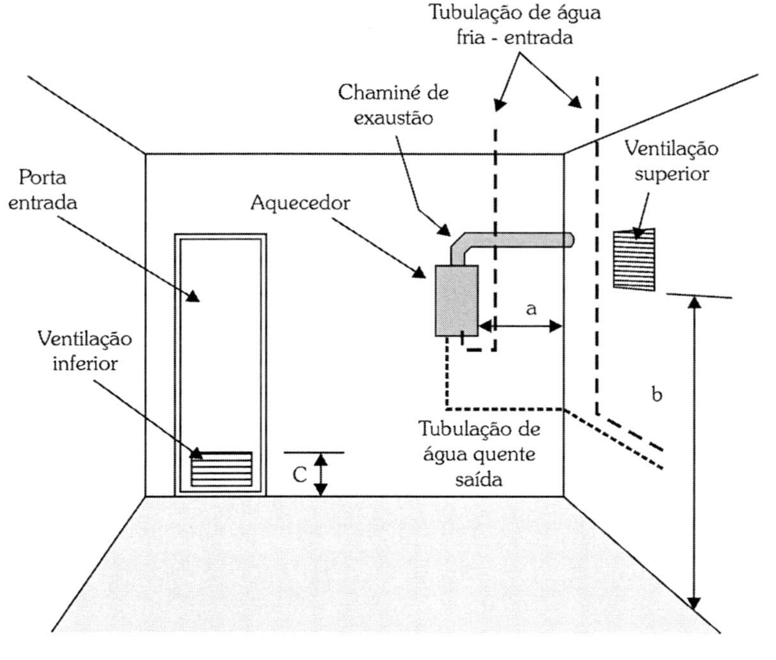

- O dispositivo de aquecimento deve **ser provido de uma chaminé de exaustão** que leva os gases da queima para o exterior. O seu final deve estar afastado no mínimo 10 cm do lado de fora da parede.

Medidas	
a	15 cm - mínimo
b	150 cm - mínimo
c	80 cm - máximo
Ventilação inferior	200 cm^2 - mínimo
Ventilação superior	600 cm^2 - mínimo
Atenção: A área mínima das aberturas destinadas à ventilação deve levar em consideração o espaço ocupado pelas venezianas.	

Importante: *Todos os fornecedores e fabricantes de aparelhos e dispositivos para aquecimento possuem informações detalhadas para a instalação correta de seus produtos, bem como para sua manutenção. É importante seguir rigorosamente essas informações para um perfeito desempenho do sistema, evitando perda de garantias de fábrica e ainda proporcionando segurança ao usuário. Não menos importante é o correto uso dos aquecedores. O tal do "jeitinho" ou "gambiarra" é terminantemente proibido nas instalações de aquecedor, seja ele de que tipo for.*

Aquecimento central

É o mais completo sistema de aquecimento, sendo instalado sobre lajes, forros falsos, telhados e até mesmo na área externa da edificação, desde que devidamente protegida das intempéries. O sistema de aquecimento pode ser elétrico ou por energia solar, onde a água aquecida é acumulada em um reservatório de água quente chamado **boiler**, ou ainda por aquecimento a gás em que, por convecção, a água é distribuída diretamente aos pontos de consumo. Também se recomendam esses sistemas para instalações de grande consumo, como restaurantes, hotéis e lavanderias.

O boiler para acumulação da água quente deve estar provido de sistemas de proteção que, além de garantirem a segurança da instalação, proporcionam segurança ao usuário. Devem possuir uma válvula de alívio da pressão causada pelo aquecimento da água, inclusive com a formação de bolhas, ou ter no ponto mais alto da instalação uma tubulação de respiro cuja extremidade deve estar acima do nível do reservatório de água fria. Essas instalações devem ser executadas rigorosamente de acordo com o projeto ou especificações do fabricante do equipamento. Outro dispositivo importante é um sifão na tubulação de entrada de água fria no boiler cujo objetivo é evitar retorno da água quente para o reservatório de água fria. Essa tubulação deve ser do mesmo material da rede de água quente, porém sem isolamento.

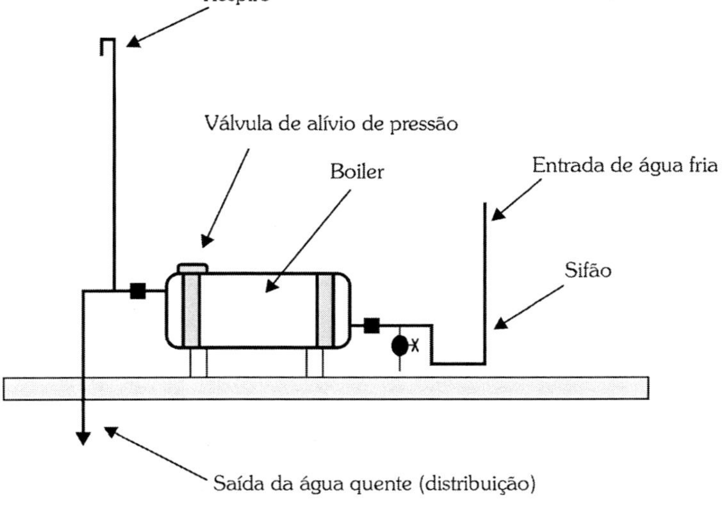

Dispositivo de segurança - boiler

Cabe lembrar que a instalação de um sistema de aquecimento central deve sempre estar baseada num projeto elaborado por profissionais especializados que vão aplicar as normas técnicas apropriadas, e os equipamentos devem ser adquiridos de empresas e fornecedores confiáveis, pois o risco de acidentes e queimaduras é presente. Dependendo do equipamento, a temperatura da água pode variar de 45°C a 80°C, sendo recomendado estar entre 50°C e 60°C.

Cuidado especial deve ser tomado com crianças e animais. Todo o sistema deve estar em local seguro e protegido.

Elétrico

O esquema de aquecimento central elétrico é bastante simples. Basicamente é composto de um boiler no qual a água quente é acumulada para consumo. Há uma entrada de água fria que vem do reservatório e nesse boiler existe uma resistência elétrica cuja intensidade de aquecimento da água é controlada por um reostato que pode ser regulado na temperatura desejada, que normalmente fica entre 50°C e 60°C.

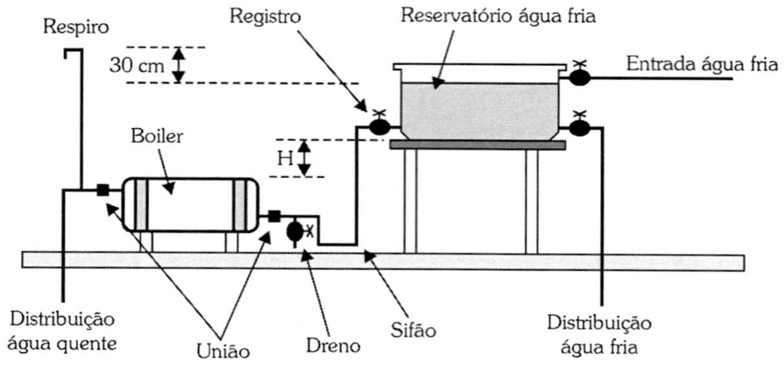

Esquema básico - aquecimento elétrico

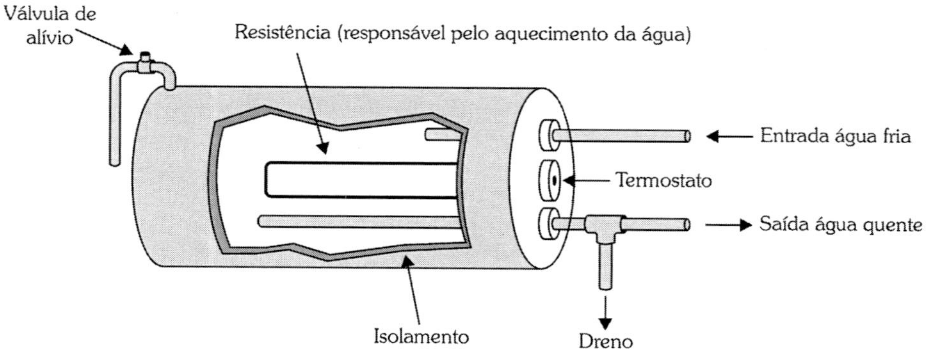

Esquema básico das partes principais de um boiler

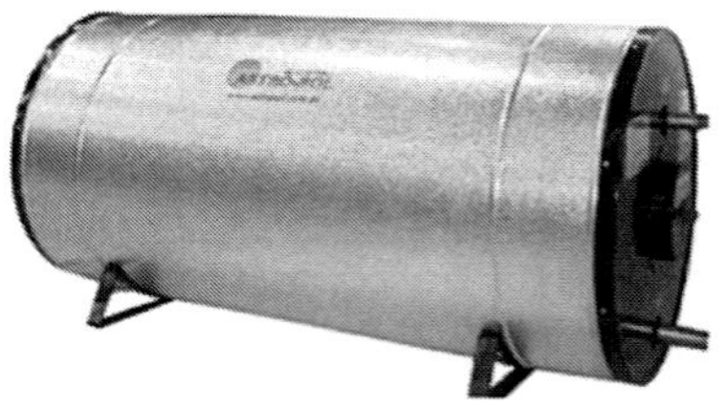

Fonte: www.astrosol.com.br/pdf/BoilereletricoBP.pdf

Solar

Um sistema de aquecimento central por acumulação que proporciona economia em médio prazo, pois não necessita de eletricidade ou gás para o seu funcionamento, é aquele que utiliza a energia solar como fonte de energia e calor para o aquecimento da água, além de ser ecologicamente interessante e, acima de tudo, sem custo. A sua instalação requer placas coletoras de energia e um boiler para a acumulação da água aquecida.

As placas coletoras (ou de captação) de energia são instaladas normalmente sobre os telhados ou sobre o solo de acordo com a posição geográfica do local em relação ao maior período de insolação, além de uma inclinação apropriada para que as placas coletoras possam absorver o máximo da energia solar. Tais orientações são informadas pelos fabricantes dos equipamentos ou constam no projeto de instalação. Normalmente as placas coletoras devem estar direcionadas para o Norte geográfico e possuir uma inclinação de 10° a mais do que a latitude local.

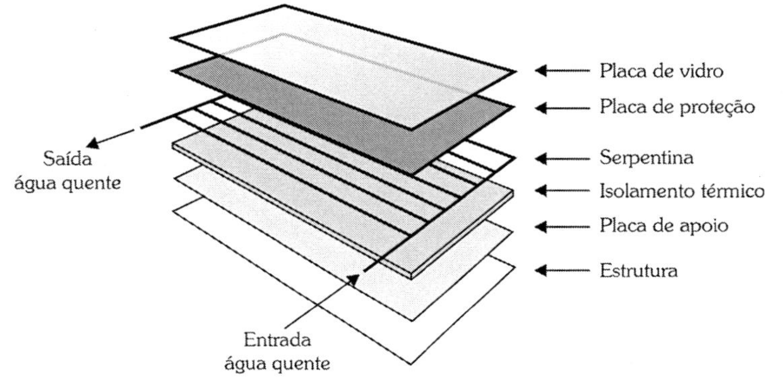

Esquema básico de uma placa de captação de energia solar

São vários os modelos destinados ao aquecimento da água pelo uso da energia solar, desde os mais simples aos mais complexos, podendo aquecer a água até 75°C, dependendo da intensidade de insolação da região.

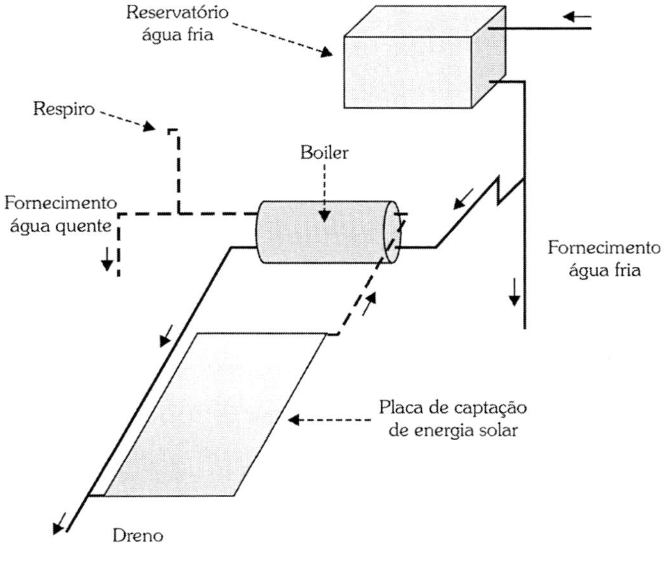

Aquecimento solar - esquema básico de uma instalação

Apresentamos a seguir um modelo considerado padrão, sem esquecer que os fornecedores dos aparelhos concedem detalhes da instalação do equipamento adquirido e os projetos executados por profissionais da área também apresentam orientações detalhadas para uma correta instalação.

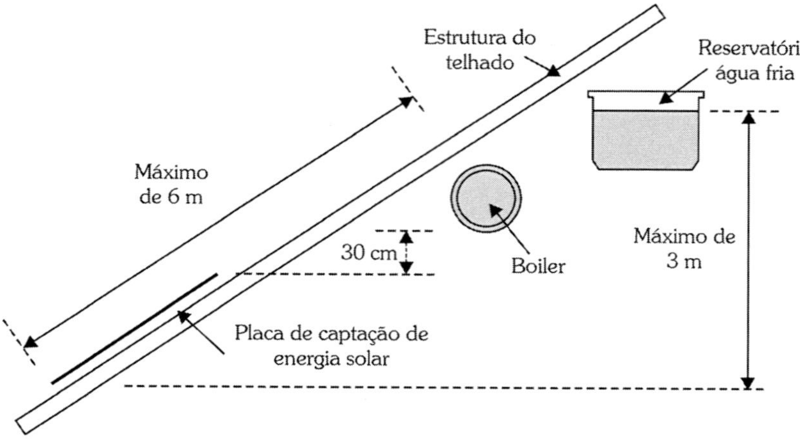

Aquecimento solar - medidas básicas de uma instalação

Gás

Esse sistema de aquecimento central é idêntico ao aquecimento elétrico, com a diferença básica que a energia utilizada para o aquecimento é o GLP (Gás Liquefeito de Petróleo) ou GN (Gás Natural). Importante é a verificação do tipo do gás fornecido para a aquisição do equipamento.

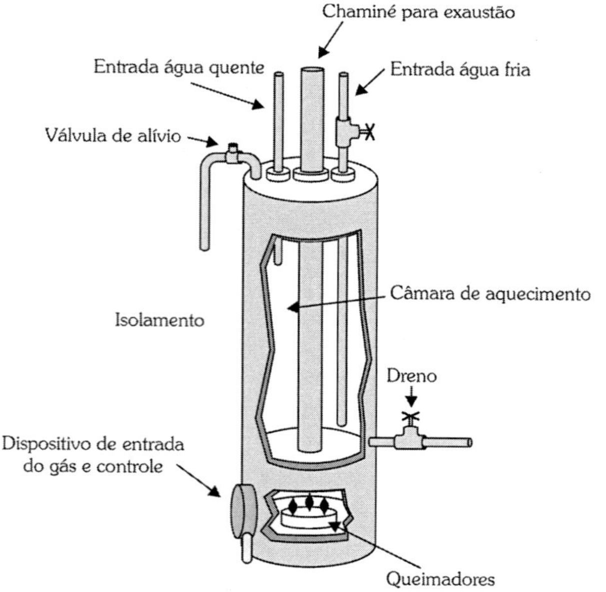

Esquema básico - aquecedor a gás por acumulação

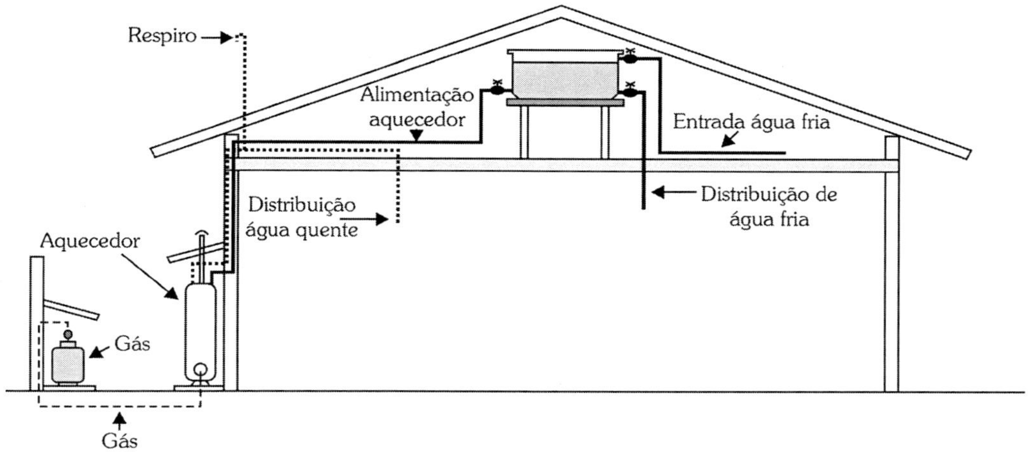

Esquema básico de distribuição - aquecimento a gás

Tubos e conexões

Conforme já comentado anteriormente, há no mercado vários tipos de tubos destinados à instalação de água quente, tanto residenciais como comerciais ou industriais. Vamos apresentar, no entanto, somente aqueles de uso corrente. Os demais modelos, tais como o PEX (polietileno reticulado) e o PPR (polipropileno copolímetro random), mais recentes oferecidos ao mercado, serão descritos em capítulo específico.

Tubos de cobre

Os tubos e conexões de cobre são utilizados tradicionalmente na grande maioria nas instalações de água quente e produzidos sem costura, conforme a NBR 13206/94. A sua instalação é feita por meio de conexões soldadas de acordo com a NBR 5883 e é necessário o uso de revestimentos térmicos na tubulação para que não haja perda de calor. As grandes vantagens no uso desse tipo de instalação são a enorme durabilidade do material e a baixa dilatação térmica.

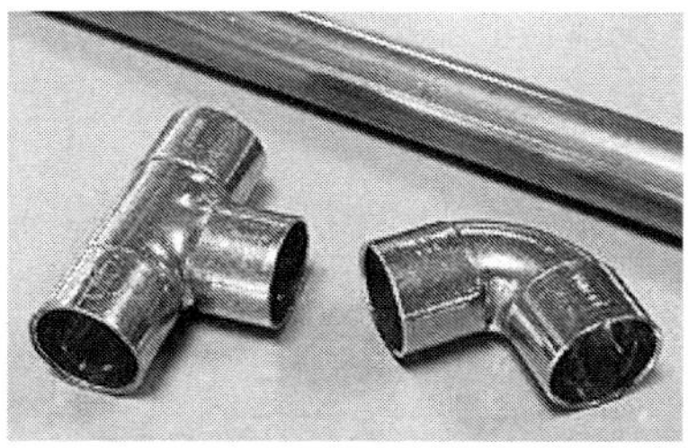

Fonte: www.revistatechne.com.br/engenharia-civil/122/artigo50117-4.asp

Tubos e conexões

Os tubos de cobre são fornecidos em barras de 5 m ou de 2,50 m e fabricados de acordo com as normas técnicas em três classes diferentes:

- **Classe E:** são identificados com tampões plásticos de cor verde nas suas extremidades, **sendo indicados para instalações de água fria, quente e gás.** Os tubos dessa classe são tratados neste livro.
- **Classe A:** são identificados com tampões plásticos de cor amarela nas suas extremidades, sendo indicados para instalações de gases combustíveis e medicinais.
- **Classe I:** são identificados com tampões plásticos de cor azul nas suas extremidades, sendo indicados para instalações industriais de alta pressão e vapor.

As conexões de bronze ou de latão, por serem mais resistentes à ação mecânica que o cobre, são principalmente utilizadas quando há necessidade de uso das roscas para a ligação dos metais, como torneiras e registros. Essas conexões podem apresentar um anel de estanho (solda) interno que dispensa o uso da soldagem externa nas instalações, o que proporciona rapidez e facilidade das instalações.

Quanto aos diâmetros nominais (DN), encontramos os tubos e as conexões com as dimensões em milímetros (mm) e em polegadas. Apresentamos a seguir uma tabela de equivalência entre essas dimensões e as principais conexões utilizadas nas instalações residenciais:

DN em milímetros	DN em polegadas
15	1/2"
22	3/4"
28	1
35	1 ¼"
42	1 ½"
Para outros diâmetros consulte os catálogos dos fornecedores.	

A seguir estão as principais conexões para instalação de água quente, bem com os diâmetros usuais em instalações residenciais, extraídas da empresa Eluma S/A Indústria e Comércio.

Conexões com solda com redução de diâmetro

Conexão		DN usual
	Tê de redução	22 x 15 x 22
		28 x 15 x 28
		28 x 22 x 28
		42 x 22 x 42
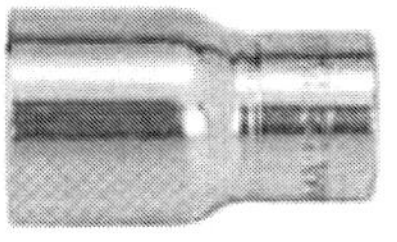	Bucha de redução	22 x 15
		28 x 15
		28 x 22
		42 x 22

Conexões com solda sem redução de diâmetro

Conexão		DN usual
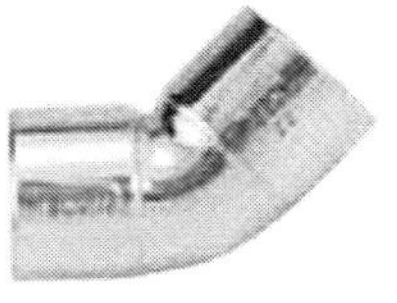	Cotovelo 45°	15 mm
		22 mm
		28 mm
		42 mm
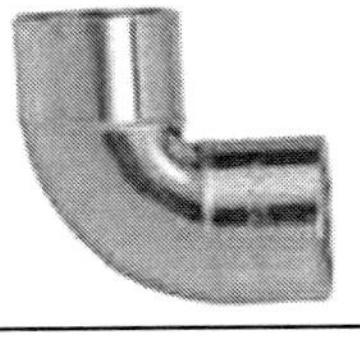	Cotovelo 90°	15 mm
		22 mm
		28 mm
		42 mm
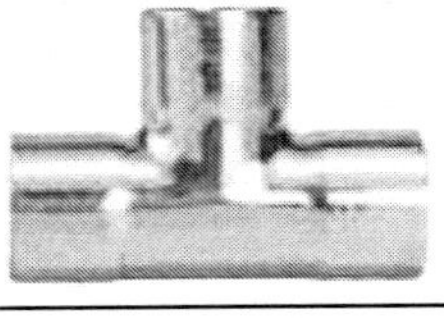	Tê igual	15 mm
		22 mm
		28 mm
		42 mm
	Luva	15 mm 22 mm 28 mm
	Luva passante	15 mm 22 mm 28 mm

Conexões com rosca com redução de diâmetro

Conexão		DN usual
	Luva de redução	¾" x ½" 1" x ¾"
	Cotovelo fêmea com redução	¾" x ½"
	Tê redução central	¾" x ½" x ¾" 1" x ¾" x 1"
	Bucha de redução	¾" x ½" 1" x ¾"

Conexões com rosca sem redução de diâmetro

Conexão		DN usual
	Curva 45°	½" ¾" 1"
	Cotovelo 90°	½" ¾" 1"

Conexão		DN usual
	Tê igual com rosca	½" ¾" 1"
	Cotovelo macho e fêmea	½"

Conexões com solda e rosca com redução de diâmetro

Conexão		DN usual
	Cotovelo redução fêmea	22 x ½" 22 x 1"
	Tê de redução com rosca central	22 x ½" x 22 28 x ½" x 28
	Cotovelo macho	15 x ½" 22 x ¾" 28 x 1"
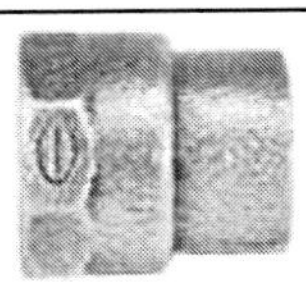	Conector de redução fêmea	22 x ½"
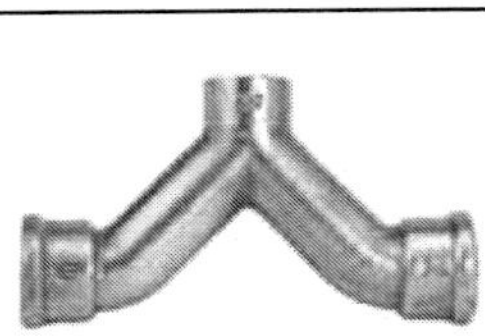	Tê dupla curva ou misturador	½" x 15 x ½" ¾" x 22 x ¾"

Conexões com solda e rosca sem redução de diâmetro

Conexão		DN usual
	Tê com rosca central	15 x ½" x 15 22 x ¾" x 22 28 x 1" x 28
	Cotovelo fêmea	15 x ½" 22 x ¾" 28 x 1"
	Tê com rosca central	15 x ½"x 15 22 x ¾" x 22 28 x 1" x 28
	Conector macho	15 x ½" 22 x ¾" 28 x 1"
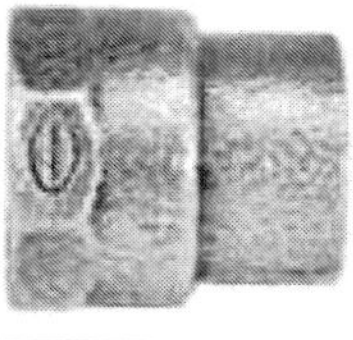	Conector fêmea	15 x ½" 22 x ¾" 28 x 1"
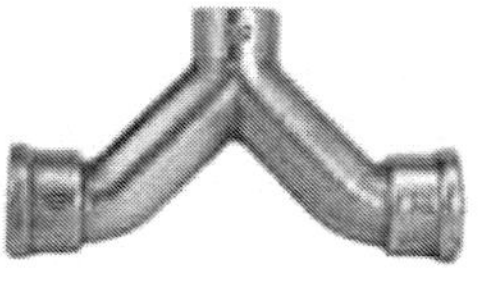	Tê dupla curva ou misturador	½" x 15 x ½" ¾" x 22 x ¾"

Conexões diversas

Conexão		DN usual
	Tampão	15 mm 22 mm 28 mm
	Plug	½" ¾" 1"
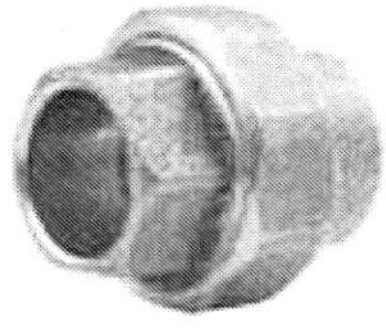	União	15 mm 22 mm 28 mm
	Niple	½" ¾" x ½" ¾" 1"
	União com rosca	½" ¾" 1"
	Flange	15 mm 22 mm 28 mm
	Suporte de tubos (2, 3, 5 lugares)	15 mm 22 mm

Procedimentos para a solda

A união das peças em cobre é um processo bastante simples, mas requer cuidado e atenção. Os tubos e conexões não devem estar amassados, precisam estar limpos, livre de areia, óleos e graxas para que a penetração da solda se dê por completo, garantindo um perfeito encaixe e estanqueidade.

A soldagem (200°C) se dá por um processo chamado **soldagem capilar**, ou seja, a solda preenche os espaços entre as peças independentemente da posição da aplicação, seja ela de baixo para cima, de cima para baixo ou na horizontal. Chama-se solda branca, que é uma liga de estanho (97%) e cobre (3%), podendo haver outras ligas e composições no mercado para o mesmo fim.

Os procedimentos são mostrados a seguir:

- **Corte do tubo:** o tubo deve ser cortado com ferramenta apropriada (cortador de tubos) e as rebarbas devem ser retiradas.

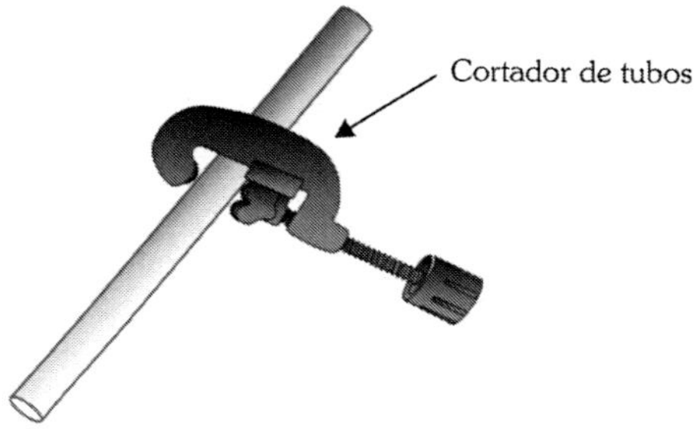

- **Limpeza interna:** a ponta do tubo e da conexão deve ser limpa com uma escova para a retirada de qualquer substância que venha prejudicar a soldagem.

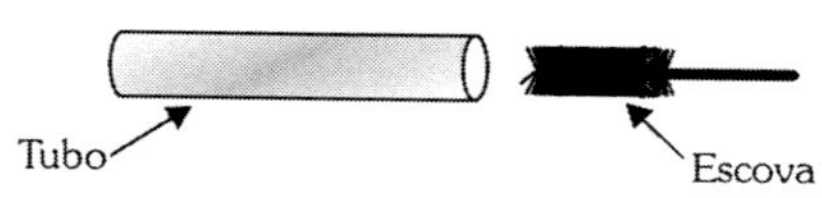

- **Limpeza externa:** a ponta do tubo e da conexão deve ser limpa com um pano limpo e seco para a retirada de qualquer substância que venha prejudicar a soldagem.

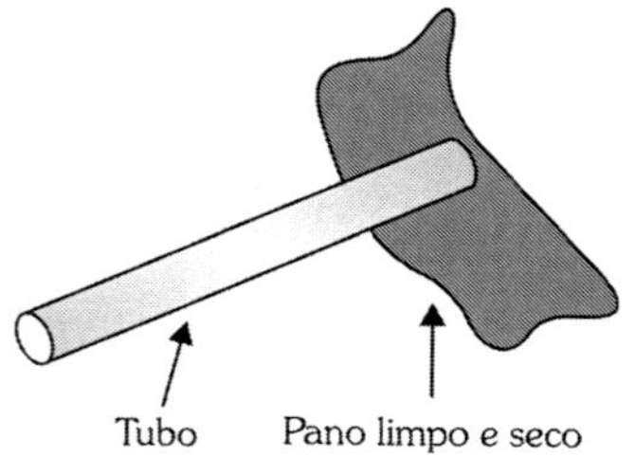

- **Aplicação da pasta para solda:** externamente ao tubo e internamente na conexão deve ser aplicada com pincel a pasta de solda para facilitar a penetração da solda e inibir a corrosão.

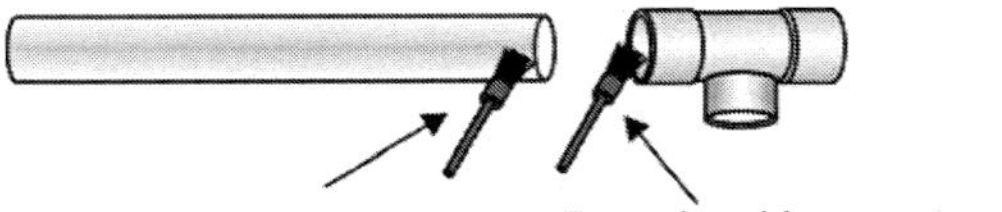

- **Aquecimento para solda:** depois de unidas as partes, aquecer com maçarico as partes a serem soldadas - 200°C, ou até observar que a solda seja absorvida.

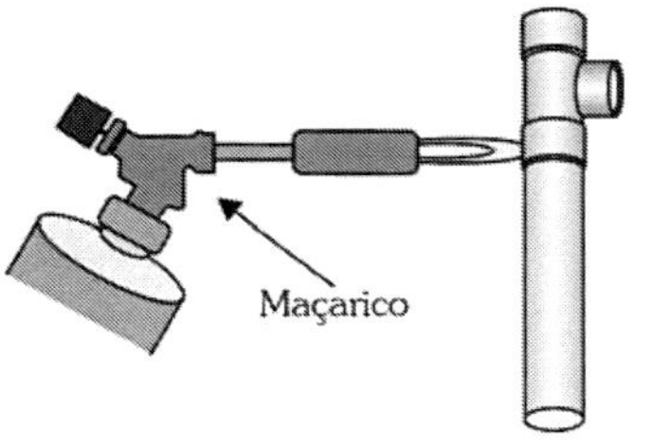

- **Aplicação da solda:** depois de aquecidas as partes a serem soldadas, aplicar a solda; a penetração da solda se dá independentemente da posição da soldagem (soldagem capilar). Caso a conexão já contenha a solda, não é necessária a aplicação da solda.

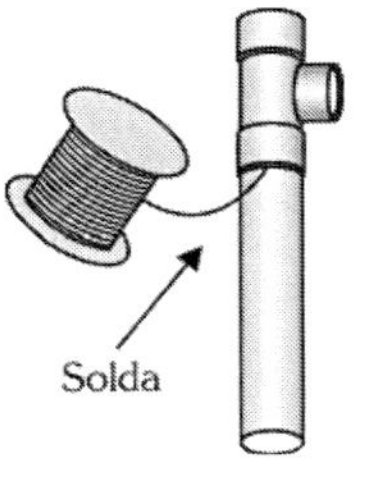

- **Limpeza final:** depois da soldagem, efetuar a limpeza para a retirada dos excessos.

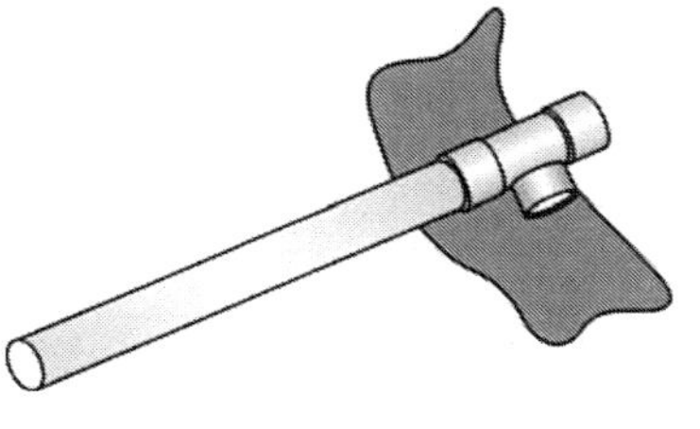

Revestimento térmico

As tubulações de cobre, por serem condutoras de calor, devem ser revestidas com material que evite tal situação e em consequência haja perda de calor, o que afetaria a eficiência da instalação. Para que isso não aconteça, é necessário o revestimento de toda a tubulação com material isolante à base de um material chamado poliuretano expandido, EPS ou lã de vidro, fornecido em tubos de diâmetros diversos, que vestem a tubulação ao longo de todo o seu percurso. Somente após esse procedimento é executado o preenchimento da alvenaria. Veja as ilustrações em seguida:

Fonte: www.revistatechne.com.br/engenharia-civil/122/artigo50117-3.asp

CPVC (policloreto de vinila clorado)

Esse produto vem substituindo de maneira significativa o tradicional cobre nas instalações de água quente.

A sua utilização é bastante prática e a instalação se dá nos mesmos moldes de uma instalação de água fria, com o uso do tradicional PVC já comentado em capítulo anterior. Depois de limpas, as peças são apenas soldadas com adesivo especial e os tipos de suas conexões são os mesmos já mostrados neste livro.

Esse material é considerado vantajoso em relação ao cobre por possuir elevada capacidade de reter calor, dispensando o uso de revestimento térmico, exceto em áreas externas.

A título de exemplo, apresentamos a seguir algumas peças especiais nesse tipo de instalação.

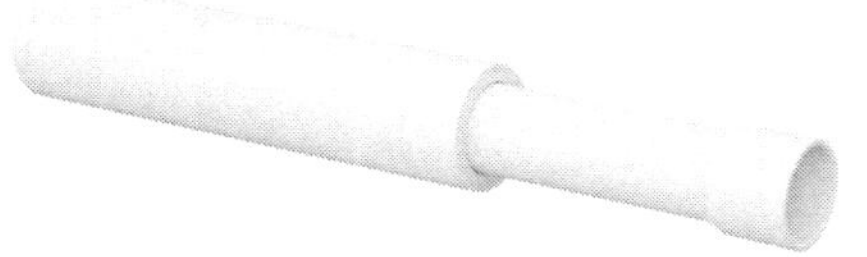 Junta de expansão	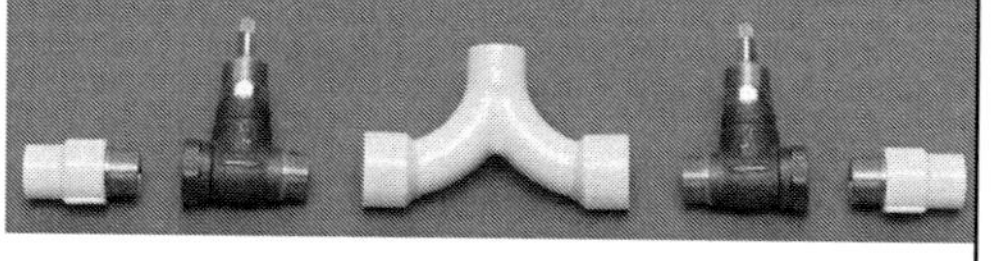 Tê misturador com registros de metal (roscável)

<table>
<tr><td colspan="2">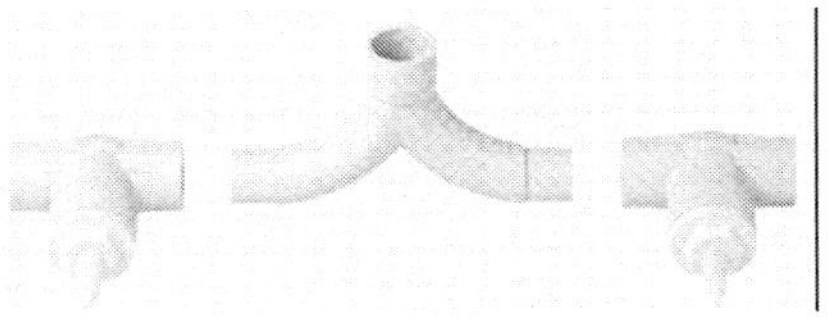
Tê misturador com registros em CPVC (solda)</td><td>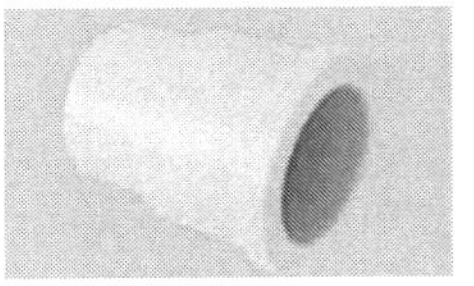
Luva de transição CPVC x PVC</td></tr>
<tr><td>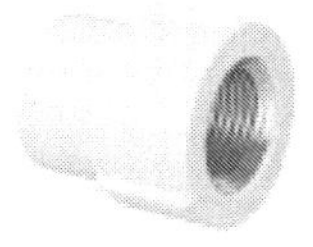
Luva de transição</td><td>
Tê de transição</td><td>
Conector (adaptador)</td></tr>
</table>

Fonte: Linha Aquatherm® (Tigre S/A)

Ligações mais comuns

Para que a água nos pontos de consumo seja utilizada na temperatura desejada, é necessário que a água quente seja misturada com a fria, o que pode ser feito de duas maneiras, explicadas a seguir.

Chuveiro

Uso do "misturador". Conexão que se aplica principalmente em instalações de chuveiros e duchas. A temperatura da água é ajustada de acordo com o comando que se faz em cada um dos registros. A tubulação de saída dessa instalação deve ser de material resistente à temperatura. Comumente o registro da água quente é colocado no lado esquerdo da instalação.

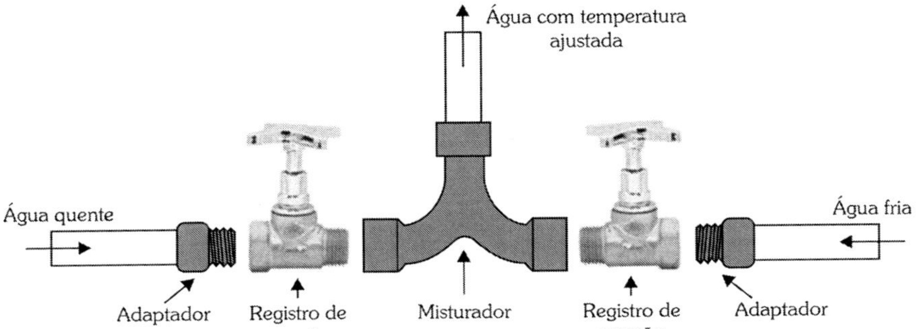

Fonte: www.forusi.com.br

Torneiras

Torneiras com o misturador, as quais são fornecidas com um kit que compreende torneira, registros e misturador que podem ser fixados sobre bancadas ou em paredes. Considerando a diversidade de ótimos fabricantes e suas características, apresentamos para efeito de ilustração uma adaptação de parte do manual de instruções de montagem do modelo 1875-C50 da Deca Metais.

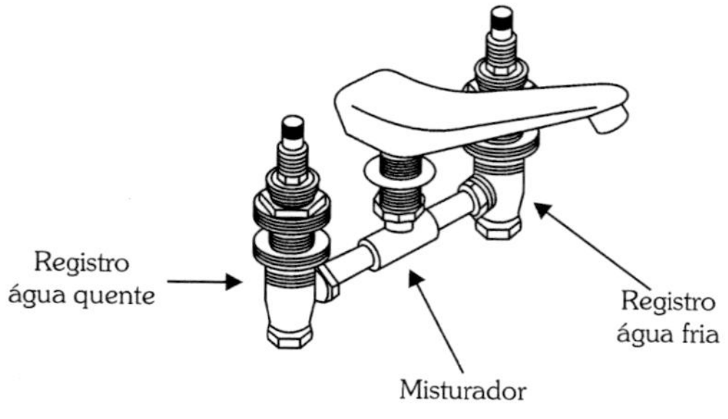

Vista geral do conjunto

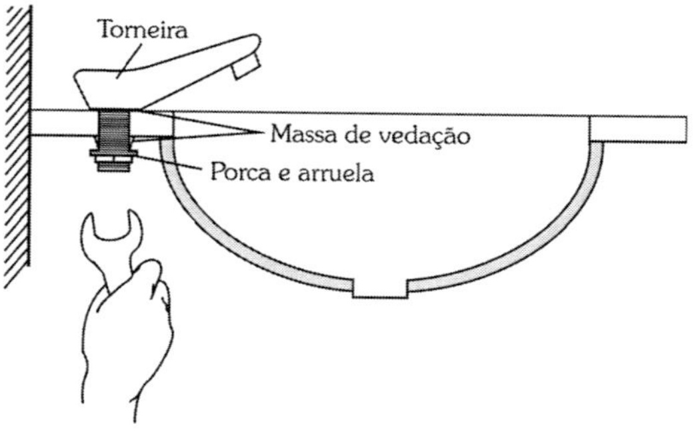

Fixação da torneira

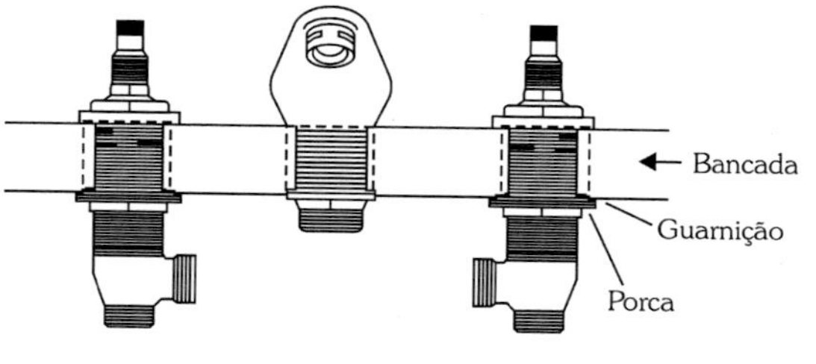

Instalação dos registros

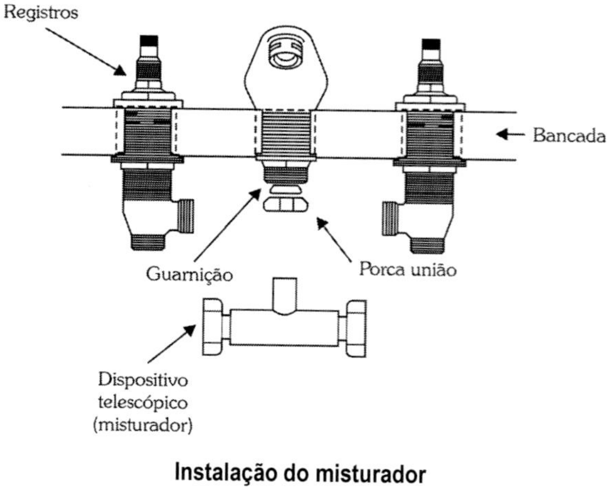

Instalação do misturador

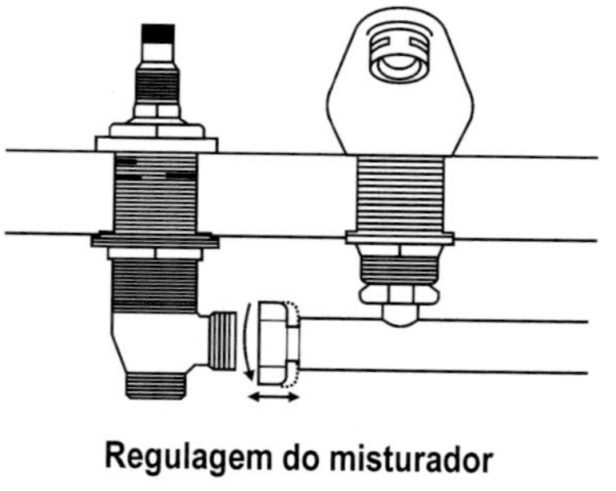

Regulagem do misturador

> ***Importante:*** *É recomendado que seja instalado pelo menos um trecho de tubo de água quente (50 a 100 cm de comprimento) antes do registro de água fria (ou torneira). Isso evita a eventual transmissão de calor ou retorno da água quente para a tubulação de água fria.*

Cuidados e manutenção

Aquecedores

- Os equipamentos de aquecimento (aquecedores) devem ser adquiridos de empresas idôneas e com nota fiscal, o que garante possibilidade de fazer reclamações, se for o caso.
- Esses equipamentos devem estar em conformidade com o Programa Brasileiro de Etiquetagem (PBE), que mede a eficiência energética dos aparelhos, e com o Instituto Nacional de Metrologia, Normalização e Qualidade Industrial (Inmetro). Os aquecedores cuja classificação energética é "A" recebem o Selo CONPET - Selo de Eficiência Energética.
- A instalação de aquecedores de água sempre deve ser feita por empresas especializadas e com rigoroso acompanhamento do projeto.
- Os aquecedores não devem ser instalados e abastecidos com água diretamente da rede pública. O abastecimento deve ser sempre do reservatório de água fria (caixa-d'água).
- Em saco de manutenção dos equipamentos de aquecimento, procure sempre a assistência técnica recomendada pelo fabricante.
- Nem sempre o equipamento mais barato é o melhor. Em caso de dúvida procure orientação especializada.
- As crianças não podem operar os equipamentos de aquecimento. Um adulto deve fazê-lo.
- A água quente pode provocar queimaduras graves, portanto é preciso ter cuidado com as crianças que manipulam os registros reguladores de água quente.

Gás

- Os gases GLP (Gás Liquefeito de Petróleo) e GN (Gás Natural) são altamente inflamáveis. Há sério risco de explosão num simples acionamento de uma tecla para acender uma lâmpada. Caso sinta cheiro de gás no ambiente, não acenda as luzes, não ligue equipamentos elétricos e muito menos acenda fósforos e isqueiros. Abra todas as janelas para maior ventilação do ambiente e procure imediatamente a assistência técnica. Se possível, feche todos os registros de gás.

- Nunca procure achar vazamentos com o uso de chamas. Utilize somente uma esponja com sabão. Caso haja vazamentos, haverá aumento de bolhas no local.
- Os bujões de gás devem ser fornecidos com lacre de proteção. Recuse os que não apresentarem o lacre.
- Os bujões ou cilindros de gás devem ser acondicionados preferencialmente na parte externa da edificação.
- Os compartimentos destinados aos bujões de gás não devem permitir o acesso de crianças e animais.

Cuidados com as tubulações e armazenagem

- Os tubos devem ser estocados em locais limpos e livres do contato com solo, aço ou ferro.
- A tubulação enterrada deve ser protegida por envelopamento de concreto ou argamassa. Além do envelopamento, os tubos devem receber a proteção de fitas adesivas especiais para esse fim.
- O transporte deve ser com cuidado para evitar o amassamento dos tubos e das conexões, o que prejudica o perfeito encaixe entre as peças.
- A fixação das instalações deve ser por meio de argamassa de cimento e areia, livre da cal. Para tubulações de PVC é possível o uso de argamassa com cal.
- Em paredes de drywall, a tubulação deve receber suporte apropriado.
- Não se executa soldagem com água no interior do tubo.
- O aquecimento excessivo das partes a serem soldadas, em tubos de cobre, pode provocar a evaporação da pasta de soldagem, o que compromete a estanqueidade da operação. O resfriamento das peças aquecidas para a soldagem deve ser feito de modo natural, sem utilizar pano úmido para esse fim.
- Procure utilizar tubos e conexões de um mesmo fabricante.

- É comum a oxidação dos tubos de cobre, o que é caracterizado por uma cor esverdeada. Basta a sua limpeza com detergente neutro ou com esponja de aço fina.
- Evite arranhar as peças a serem soldadas.
- Lembre-se de que os fornecedores têm a especial atenção de tirar as suas dúvidas. Não hesite em fazer contato por telefone aos serviços de atendimento ao consumidor.

Insumos

Adaptamos da Eluma a tabela de consumo de fluxo ou pasta para solda e de solda para as conexões de cobre para água quente.

Lembre-se de que os dados a seguir se referem ao consumo ideal, não considerando perdas provocadas por mau uso e conservação.

Pasta (fluxo) para solda					
Consumo por g/junta					
DN	15	22	28	35	42
(g/junta)	0,09	0,15	0,2	0,26	0,55
Quantidade de juntas por embalagem					
DN	15	22	28	35	42
Frasco de 48 gramas	533	320	240	184	87

Solda					
Consumo por g/junta					
DN	15	22	28	35	42
(g/junta)	0,7	1,2	1,6	2,1	4,4
Quantidade de juntas por embalagem					
DN	15	22	28	35	42
Carretel de 500 gramas	714	416	312	238	113

Exercícios

1. Qual o melhor procedimento para detectar vazamentos de gás numa instalação?
2. Determine o consumo de pasta (fluxo) para solda e de solda para uma instalação de água quente executada em tubos de cobre contendo 17 conexões de DN 22 e 14 conexões de DN 15.
3. Ao inspecionar uma residência, como podemos localizar indícios de problemas de isolamento térmico nas tubulações de água quente?

4 Esgoto

Introdução

Este capítulo aborda os materiais utilizados nas instalações da rede de coleta de esgoto doméstico. Sua capitação final, bem como o destino de seu efluente, já foi abordada no capítulo 1.

A sua instalação consiste basicamente em duas partes, sendo **esgoto primário** e **esgoto secundário**. A primária é a tubulação principal que tem como função coletar todo o esgoto da tubulação secundária de uma edificação e conduzi-la para a rede pública ou para o sistema fossa/sumidouro e assim estar em contato com os gases provenientes do esgoto.

A secundária é a tubulação que está diretamente ligada aos aparelhos sanitários, tais como pias, tanques, ralos, entre outros, e é ligada à tubulação primária por meio de **fechos hídricos** que não permitem a entrada dos gases nos ambientes da edificação. O encontro entre essas duas tubulações é sempre por meio de **caixas de inspeção ou passagem** e a existência dessas caixas é de grande ajuda em casos de manutenção ou desentupimentos.

Toda a rede, seja ela primária ou secundária, deve possuir sempre uma inclinação mínima de 1% (a cada 1 m, o declive é de 1 cm), pois a sua condução se dá somente pelo efeito da pressão atmosférica.

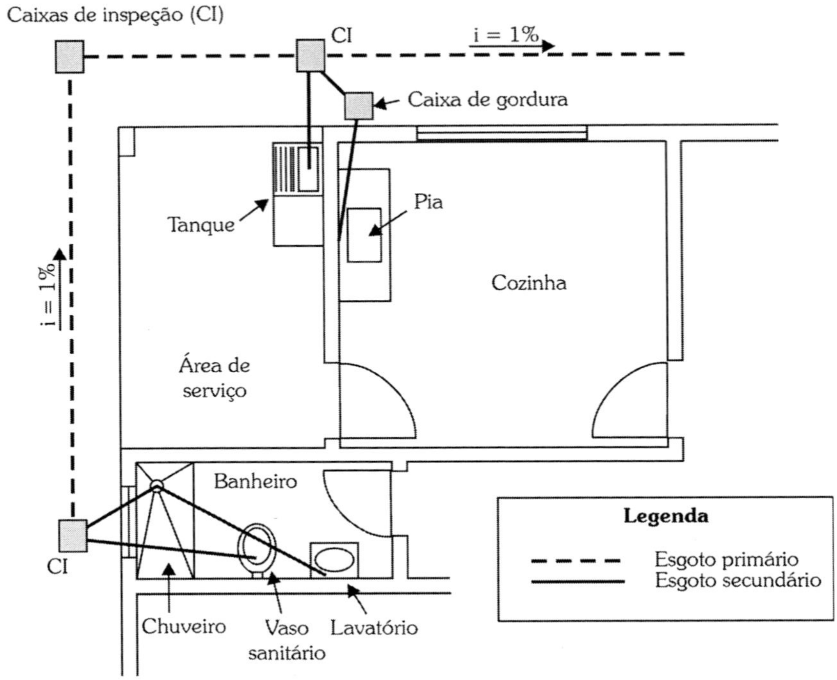

Um dos grandes problemas numa rede de esgoto são as cozinhas, pois são geradoras de grande quantidade de gordura e restos de alimentos. A gordura acumulada nas paredes internas da tubulação provoca o seu estrangulamento, dificultando a vazão do esgoto, podendo haver, inclusive, o tamponamento total da rede. Por estas razões, é necessária uma **caixa de gordura** que tem por finalidade reter a gordura e os detritos, evitando que sejam despejados diretamente na rede primária.

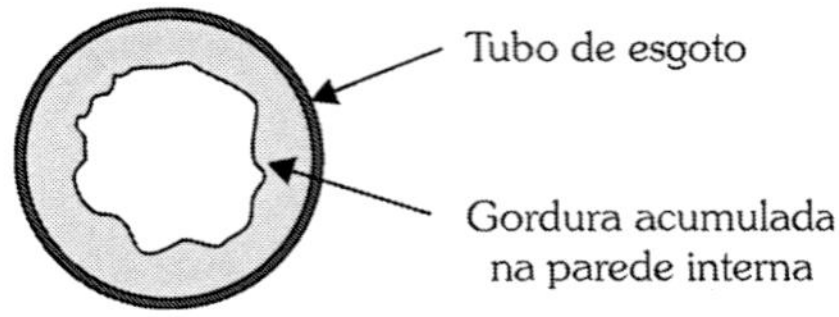

Tubos e conexões[6]

Apresentamos a seguir as conexões para esgoto mais usuais nas instalações residenciais. Para outras conexões, consulte os catálogos dos fornecedores.

[6] As figuras apresentadas foram obtidas em www.amanco.com.br

Conexões para redução de diâmetro

Conexão		DN usual
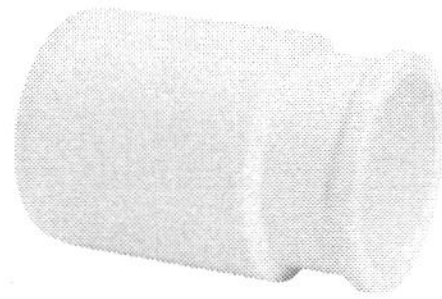	Bucha de redução	50 X 40
	Redução excêntrica	75 x 50 100 x 50 100 x 75
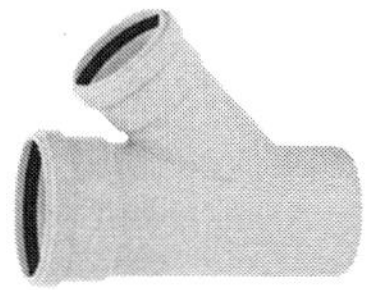	Junção de redução	75 x 50 100 x 50 100 x 75
	Tê de redução	75 x 50 100 x 50 100 x 75

Conexões para desvio de direção sem redução de diâmetro

Conexão		DN usual
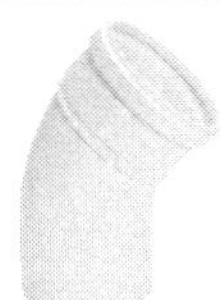	Curva 45° curta	100
	Curva 45° longa	40 50 75 100
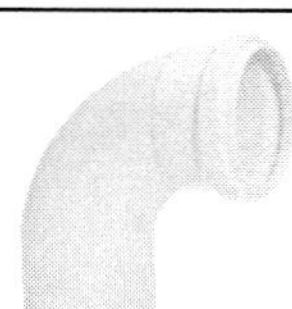	Curva 90° curta	40 50 75 100

Conexão		DN usual
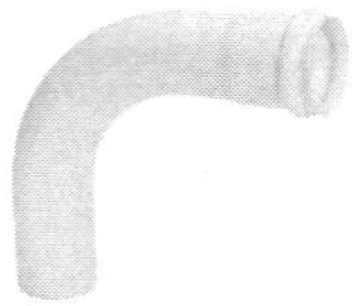	Curva 90° longa	40 50 75 100
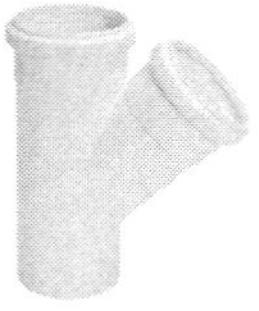	Junção simples	40 x 40 50 x 50 75 x 75 100 x 100
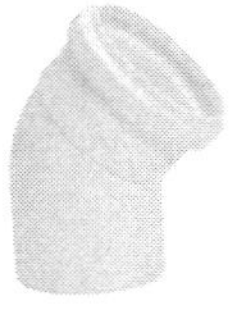	Joelho 45°	40 50 75 100
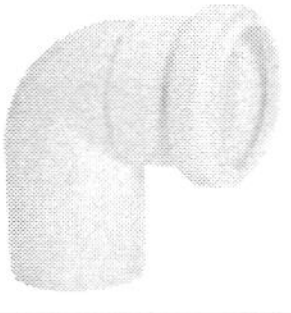	Joelho 90°	40 50 75 100
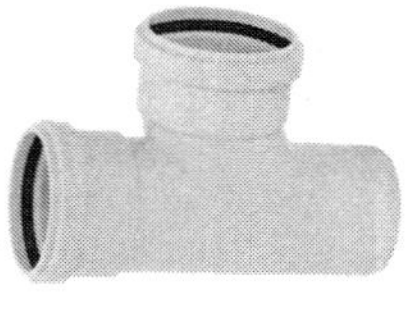	Tê	40 x 40 50 x 50 75 x 75 100 x 100
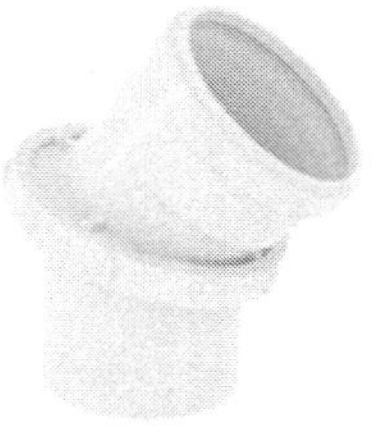	Curva 45° Juntas de dupla atuação, do tipo soldável ou elástico, com anel de borracha, o que permite ângulos de 0 a 45° (Tigre S/A)	40 100

Conexões para ligação em aparelhos sanitários

Conexão		DN usual
	Adaptador para sifão com anel	40 x 38
	Joelho 90° azul com anel	38 x 38
	Joelho 90° com anel	40 x 38
	Joelho 90° bolsa longa	40

Conexões e materiais diversos

Conexão		DN usual
	Luva simples	40 50 75 100
	Luva de correr	40 50 75 100
	Cap	40 50 75 100

Conexão		DN usual
	Terminal de ventilação	50
	Anel de vedação para esgoto	40 50 75 100
	Pasta lubrificante	

Procedimentos para instalação

Ferramentas e acessórios

Para a instalação das tubulações de esgoto, vamos precisar das mesmas ferramentas utilizadas nas instalações de água fria, tais como serra, lixa, trena e pano para limpeza.

Conexões soldáveis e com anel

As conexões para esgoto e suas ligações possuem, nas pontas, bolsas para encaixe das peças. Essas bolsas têm duas possibilidades para a junção das peças: **ou** por solda com o uso de adesivos especiais para PVC **ou** o uso de anéis de borracha para vedação, o que facilita o trabalho. Um detalhe importante é que o diâmetro de 40 mm somente é fornecido com a opção de soldagem.

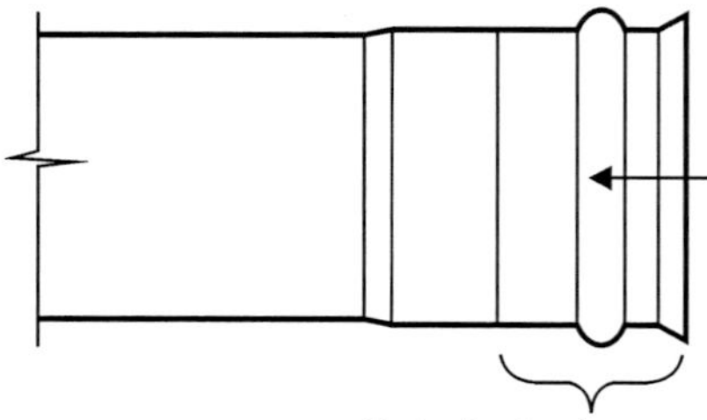

Se a conexão for por anel de vedação, é necessário o uso de uma pasta lubrificante para a união das peças. É preciso untar com a pasta lubrificante as partes a serem unidas, sem se esquecer de que o anel de borracha também deve ser lubrificado. Após esses procedimentos, efetuar o encaixe exercendo leve força para que uma peça entre na outra. Para a facilidade da operação de encaixe, é necessário executar um bisel na ponta do tubo que vai ser encaixado na conexão, o que pode ser feito facilmente com um estilete ou uma lixa.

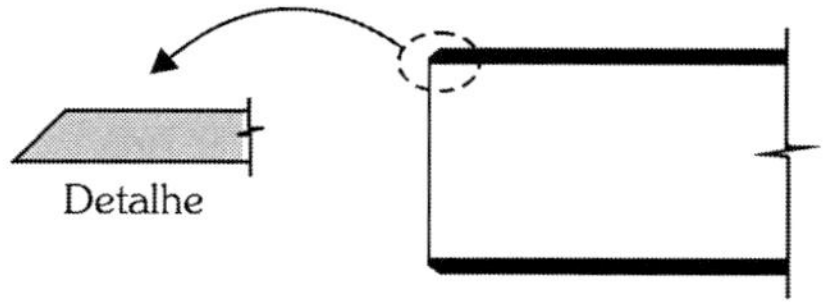

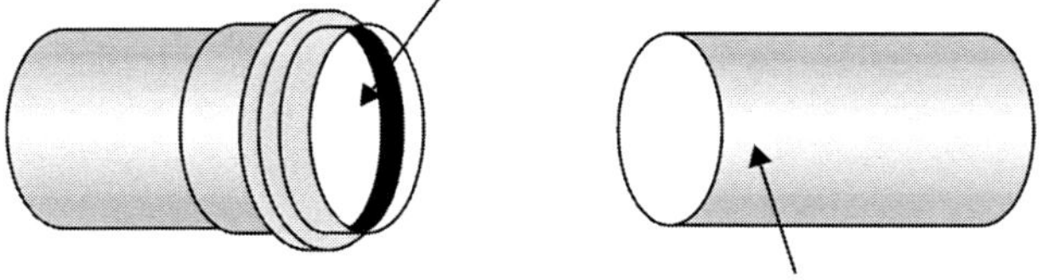

Se a conexão for soldada com o uso de adesivo, é preciso executar os procedimentos já comentados no capítulo 2.

Comprimento de corte

Procedimento também já comentado no capítulo 2. A única diferença é saber se a união entre as partes é por solda ou com o uso do anel de vedação, o que deve ser considerado no momento do corte. **Importante: se a junção possuir anel de vedação, é preciso cortar o tubo com 1 cm a menos para que haja folga para eventuais dilatações.**

- **Situação A:** uso do anel nos dois lados dos encaixes: descontar 1 cm do comprimento.
- **Situação B:** uso do adesivo nos dois lados dos encaixes. Não há necessidade de desconto.
- **Situação C:** uso do anel de vedação num lado do encaixe e uso de adesivo no outro lado: descontar 0,5 cm do comprimento.

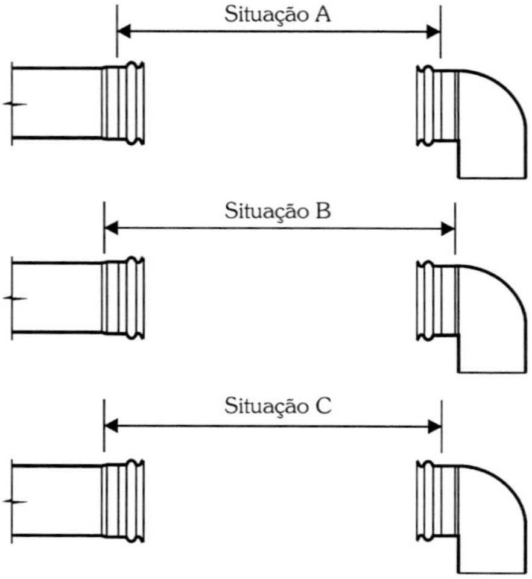

Posicionamento das conexões

Numa instalação da rede de esgoto é interessante observar o fluxo dos líquidos. Deve-se procurar montar a conexão sempre a favor do escoamento. Veja os detalhes a seguir:

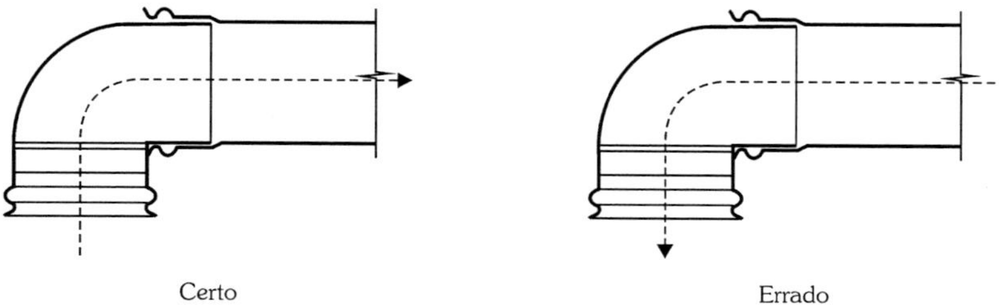

Da mesma forma, é preciso observar as posições dos tês e das junções:

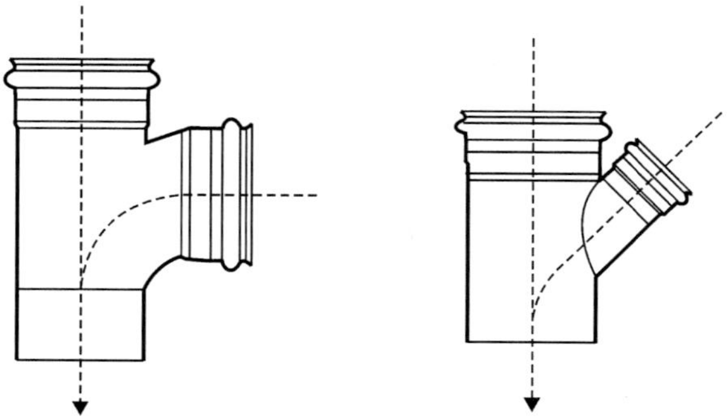

Altura dos pontos para conexão

Os pontos de ligação da rede de esgoto com os aparelhos sanitários e equipamentos possuem alturas em relação ao piso ou à parede, as quais variam muito em função da peça a ser conectada e também do gosto do usuário, principalmente para pias, lavatórios e tanques. Antes de qualquer instalação, **é importante consultar (sempre) os manuais de instalação dos fabricantes dos aparelhos sanitários e equipamentos, pois pode haver variação entre eles.**

Para efeito de orientação, mostramos em seguida o posicionamento de ligação dos aparelhos sanitários e alguns equipamentos de uso doméstico, mais comumente utilizados.

Banheiro
Pontos de saída de esgosto

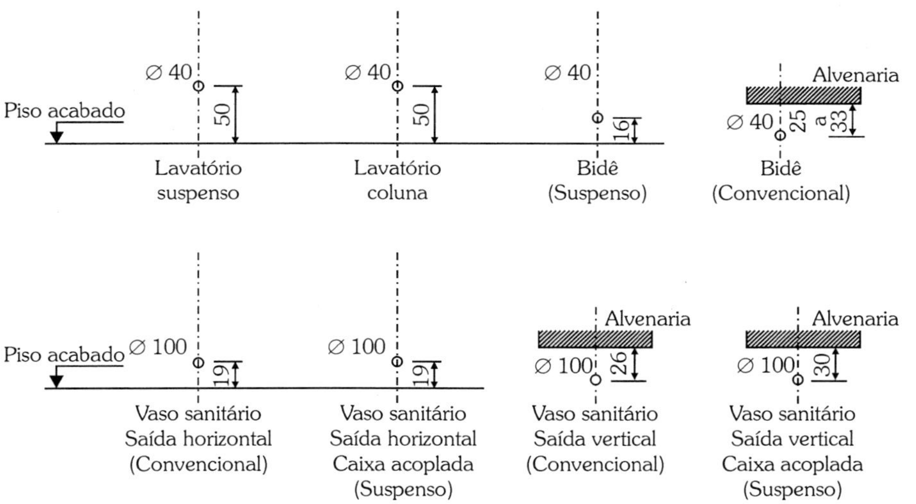

Cozinha e área de serviço
Pontos de saída de esgosto

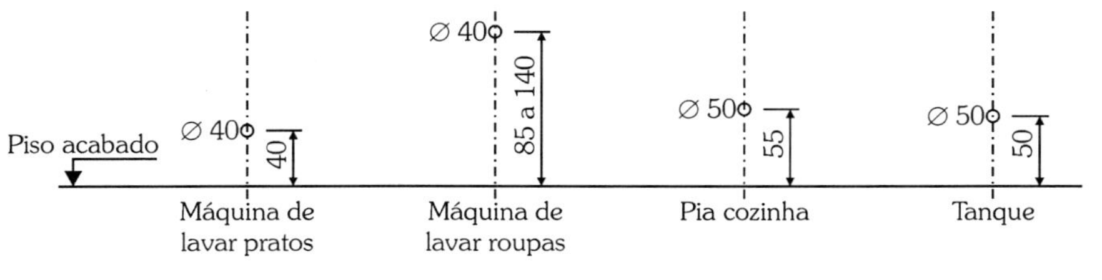

Fecho hídrico

O fecho hídrico é um dispositivo que não permite a passagem de gases formados na tubulação primária ou caixas de esgoto, evitando que esses gases retornem para o ambiente, causando mau cheiro. O sistema é bastante simples e usa a água para essa função.

Temos como principais fechos hídricos os ralos sifonados, normalmente utilizados em pisos de áreas de serviço e banheiros, e os sifões, utilizados em pias, lavatórios e tanques.

Como o fecho hídrico precisa ter água para o seu funcionamento, é de considerar que se o sistema deixar de ser utilizado por muito tempo, essa água vai evaporar e o fecho deixa de funcionar, o que causa a passagem dos gases e o mau cheiro no ambiente. Para a solução desse problema, basta simplesmente deixar escoar água pela tubulação até a recomposição do fecho hídrico.

A seguir mostramos os seus esquemas básicos de funcionamento.

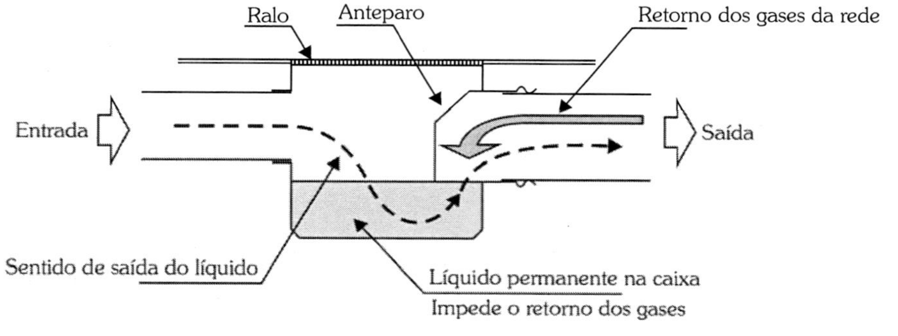

Esquema de funcionamento de uma caixa ralo sifonada

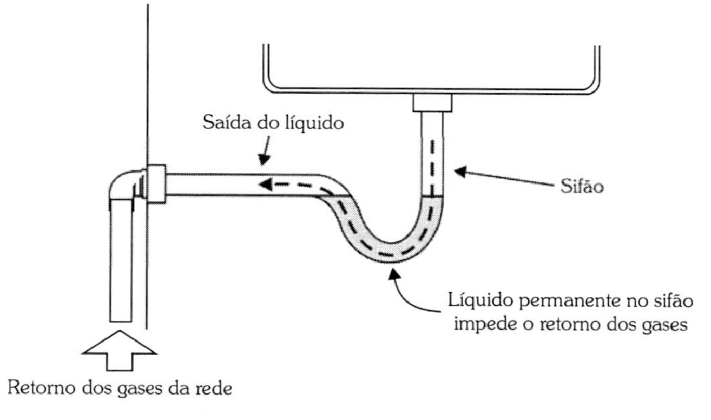

Esquema de funcionamento de um sifão

Também encontramos o fecho hídrico em caixas de passagem nas redes primárias:

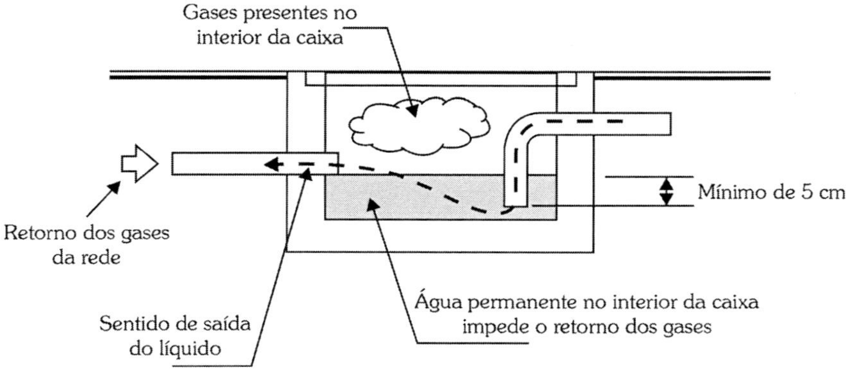

Esquema de funcionamento de uma caixa sifonada

Tubo de ventilação

Como a rede de esgoto possui escoamento livre, ou seja, somente pela pressão atmosférica, é necessário que a rede tenha uma ligação com o ambiente externo. O tubo de ventilação é ligado normalmente na tubulação de descarga do vaso sanitário e levado à parte externa da edificação, pelo menos 30 cm acima do telhado.

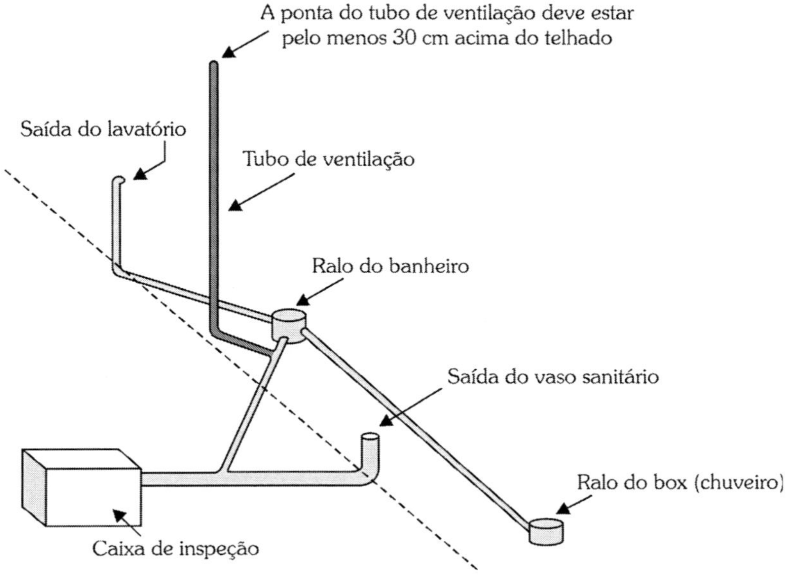

Isso evita pressão negativa no interior das tubulações, dificultando a vazão do esgoto, e o arraste do fecho hídrico nos ralos quando estes também são ligados na tubulação do vaso sanitário.

Ralos sifonados

Ralos são dispositivos destinados à coleta de água. Normalmente a que escoa pelo piso possui o fecho hídrico, já mostrado anteriormente.

Os ralos utilizados nas instalações prediais geralmente têm formato cilíndrico com grelas redondas ou quadradas, diâmetros de 100 mm ou 150 mm e entradas que variam de três a sete ligações de 40 mm. Alguns modelos permitem ligações de 50 mm e quanto à saída, pode ser de 50 mm e de 75 mm.

Para efeito de ilustração mostramos alguns modelos[7] encontrados nas casas de materiais de construção e, mais uma vez, lembramos que é sempre interessante a consulta mais específica aos catálogos dos fabricantes:

Peça	Denominação	Dimensões	DN entrada	DN saída
	Caixa sifonada com cinco entradas	150 x 185	40	75
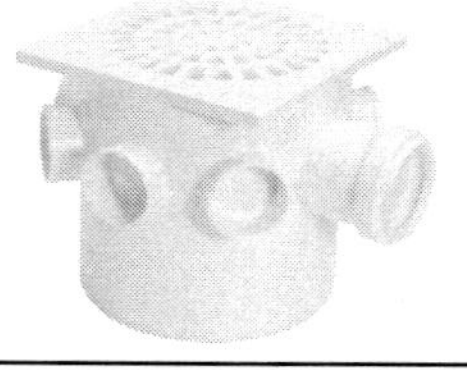	Caixa sifonada com sete entradas	150 x 150	40	50
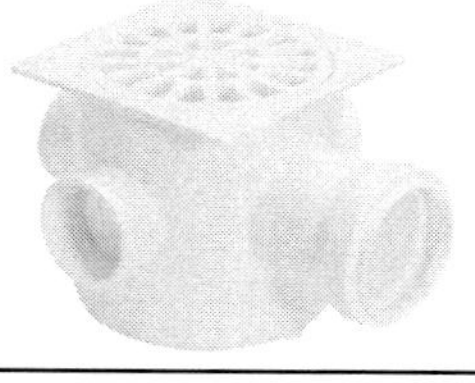	Caixa sifonada com três entradas	100 x 100	40	50

7 As figuras apresentadas foram obtidas em www.amanco.com.br

Peça	Denominação	Dimensões	DN entrada	DN saída
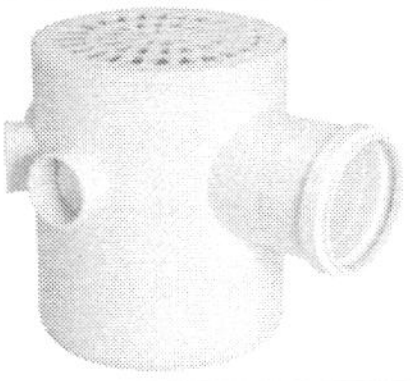	Caixa sifonada com cinco entradas	150 x 185	40	75
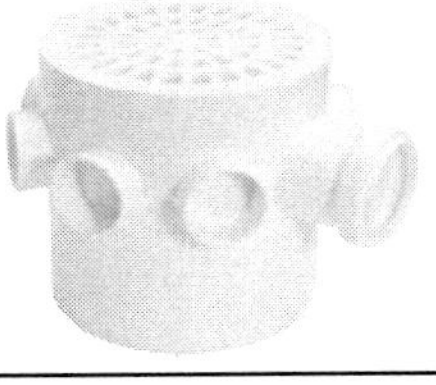	Caixa sifonada com sete entradas	150 x 150	40	50
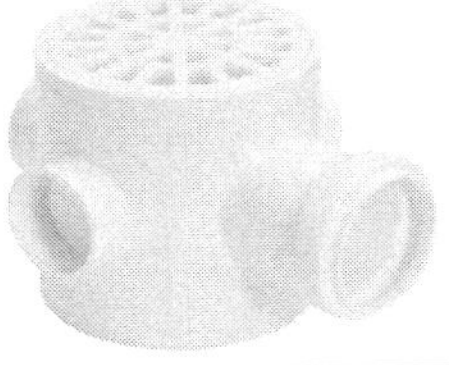	Caixa sifonada com três entradas	100 x 100	40	50
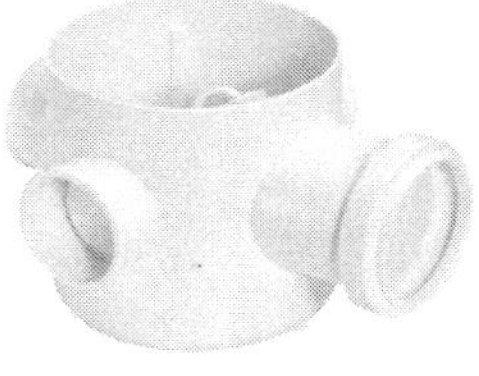	Corpo da caixa sifonada	100 x 100 150 x 150 100 x 150 250 x 172 250 x 230 150 x 185	40	50 75
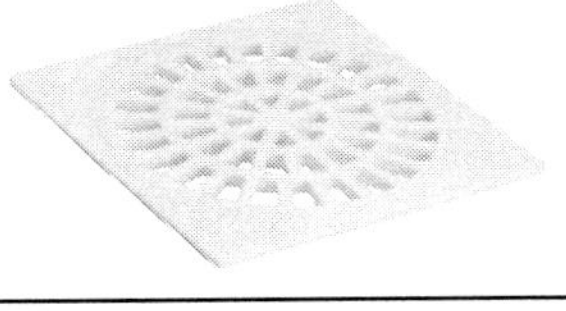	Grelha quadrada	100 e 150	-----	-----
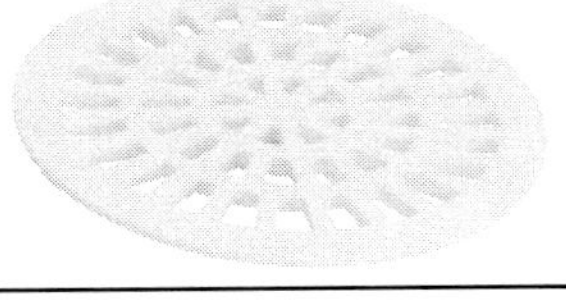	Grelha redonda	100 e 150	-----	-----
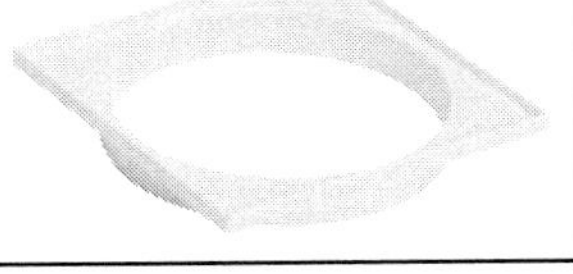	Porta-grelha/tampa quadrada	100 e 150 e 250	-----	-----

Peça	Denominação	Dimensões	DN entrada	DN saída
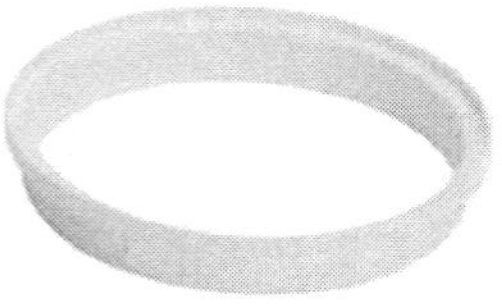	Porta-grelha/tampa redonda	100 e 150 e 250	-----	-----

A Tigre S/A - Tubos e Conexões, além de fornecer todos os itens anteriores, também apresenta uma caixa sifonada que permite uma livre articulação em função das entradas e saídas das águas servidas.

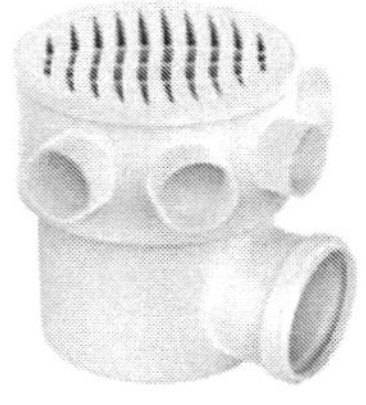	Caixa sifonada gira fácil montada com grelha e porta-grelha	100 x 140 150 x 170	40	50 75

Ralos secos

Por não possuírem fecho hídrico, os ralos secos são destinados somente à captação de água em lugares específicos e não podem estar diretamente ligados à rede primária, senão por uma caixa sifonada.

São instalados em varandas, corredores e afins e podem funcionar como uma alternativa para a retenção de resíduos, como areia e terra.

Peça	Denominação	Dimensões	DN entrada	DN saída
	Corpo de ralo seco	100 x 100	40	40 50
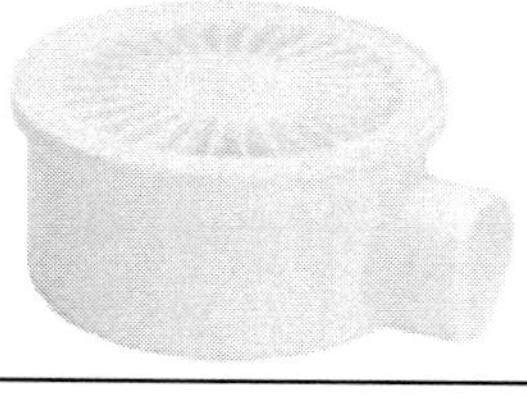	Ralo seco cilíndrico para terraço	100 x 40	-----	40

Peça	Denominação	Dimensões	DN entrada	DN saída
	Ralo seco quadrado	100 x 52	-----	40

Instalação dos ralos

No momento da instalação dos ralos, é preciso o alinhamento dos tubos que serão ligados: os de entrada e o de saída. Na maioria dos casos, nem sempre há coincidência dos alinhamentos com os bocais, o que torna necessária a utilização de conexões para o perfeito encaixe.

Nunca utilize o fogo para aquecimento do tubo para efetuar o desvio necessário. Este procedimento causa enrugamento da tubulação o que causa retenção de sugeiras, enfraquece a resistência do material e causa estrangulamento do tubo. Use sempre uma conexão apropriada.

A seguir é ilustrada uma situação em que a tubulação não coincide com o bocal de uma caixa sifonada. Para o ajuste é necessário traçar uma linha até que se encontre um ponto em que se possa encaixar uma conexão apropriada.

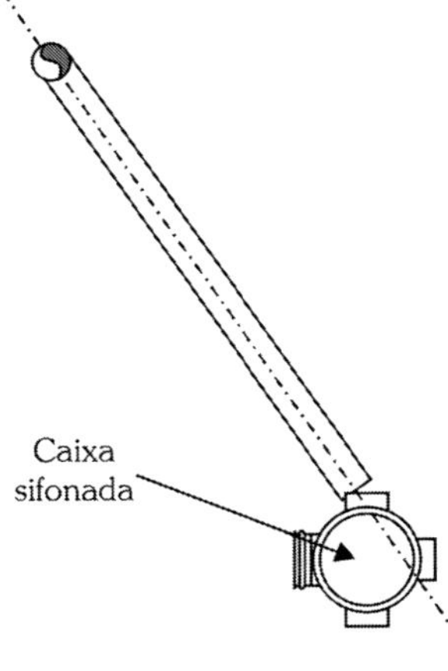

O alinhamento da tubulação não coincide com o bocal de entrada da caixa sifonada

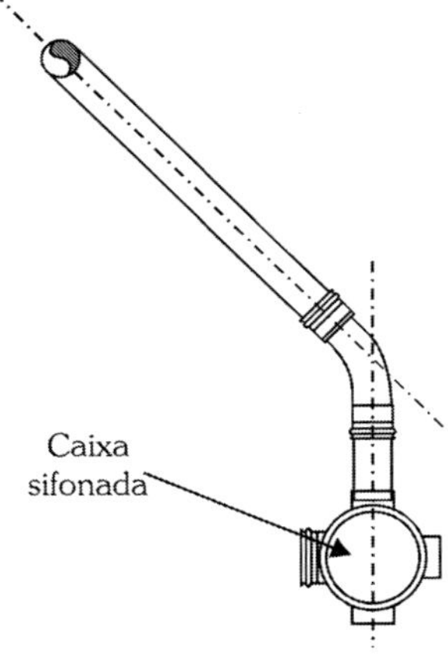

Ajustar uma curva de 45° como ajuste da tubulação em relação ao bocal de entrada da caixa sifonada

O aquecimento para fazer uma curva diminui a resistência do tubo e causa saliências que contribuem para o acúmulo de detritos, o que pode causar entupimentos.

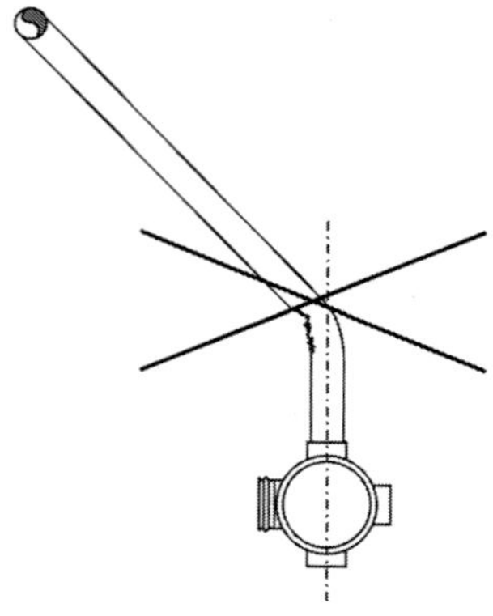

Os ralos normalmente são fornecidos com os bocais de conexão tampados, o que dá a condição de escolhermos o bocal com a direção mais apropriada para a instalação. Uma vez verificado o bocal necessário, é preciso realizar a sua abertura.

Para tanto, utilizam-se algumas ferramentas e equipamentos. Veja os procedimentos demonstrados em seguida.

Uso de brocas

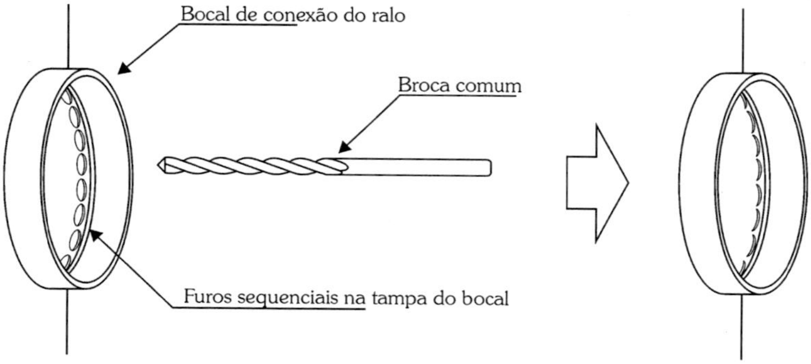

Abertura de furos sucessivos com uma broca comum até o rompimento da tampa do bocal

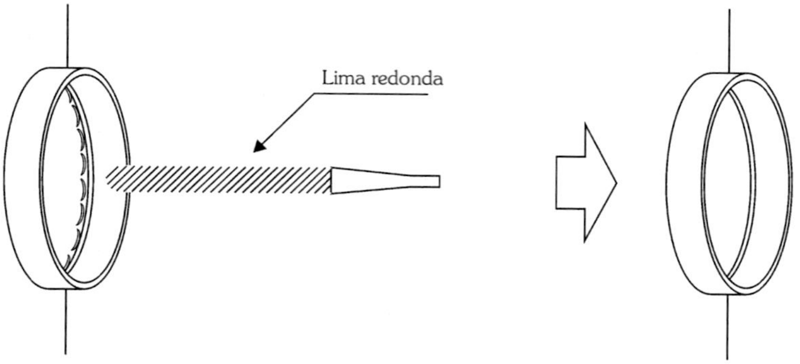

Com auxílio de uma lima redonda acertar os furos e retirar as rebarbas até que fiquem rentes às paredes do bocal

Uso de serra copo

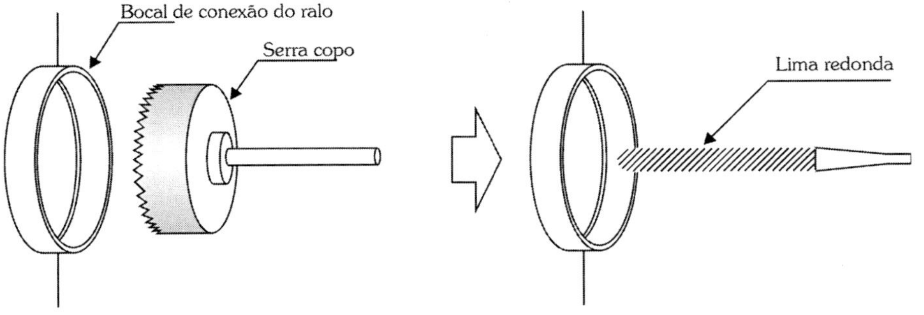

Com auxílio de uma serra copo romper a tampa do bocal e em seguida dar acabamento com uma lima redonda, retirando todas as rebarbas

Quanto ao assentamento dos ralos sifonados e dos ralos secos, em valas, deve-se assim proceder:

a) Fazer um colchão de areia sobre solo firme com espessura mínima de 5 cm.

b) A profundidade desse colchão de areia deve ser de acordo com a altura do ralo, tendo como referência o piso acabado.

c) Assentar o ralo sobre a areia, utilizando um nível de mão, para posicioná-lo em linha paralela ao piso. Esse procedimento deve ser feito em sentidos cruzados.

d) Posicionado o ralo, envolver a sua base externa com argamassa, para posicioná-lo de tal forma que não saia do lugar.

e) Caso a profundidade de assentamento seja maior do que a altura do ralo, utilizam-se prolongadores apropriados para este fim.

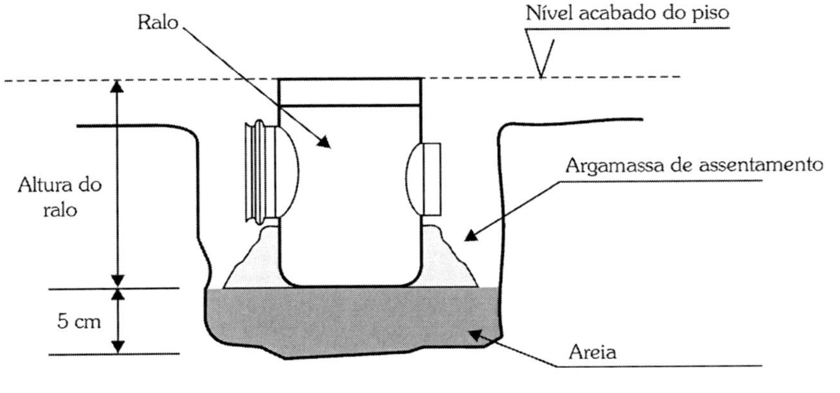

Válvulas de retenção para esgoto

A válvula de retenção é um dispositivo bastante interessante para ser colocado na rede de esgoto, em função da possibilidade de retorno (refluxo) dos dejetos e líquidos da rede e impedimento de entrada de animais da rede (ratos, por exemplo).

O retorno de dejetos se dá por alguns motivos:

- Excesso de líquidos nas fossas;
- Caixa de passagem entupida;
- Ligações clandestinas de água pluvial na rede de esgoto;
- Instalações de subsolos e abaixo da rede principal.

A sua instalação se dá imediatamente antes da caixa de passagem de ligação com rede pública ou em locais onde há possibilidade de retorno, o que pode ser identificado após uma análise das instalações. Essa válvula consiste numa conexão que possui um anteparo movimentado somente no sentido de saída dos dejetos.

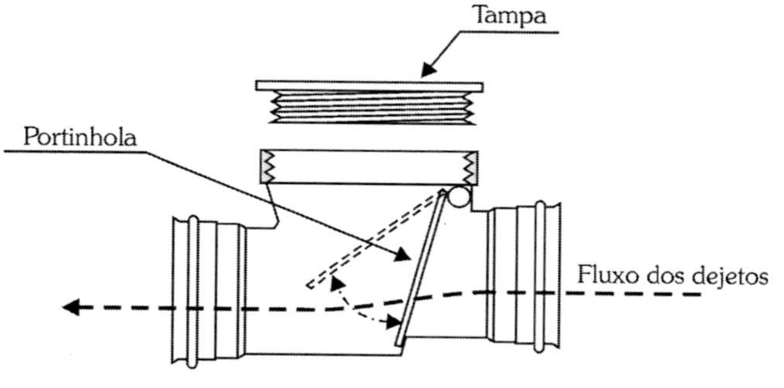

> ***Atenção:*** *Como a tampa é rosqueada para facilitar a limpeza e uma eventual desobstrução, é necessário que ela fique rente ao piso acabado. Se não for possível, coloque complemento entre a válvula e a tampa (adquirida em casa de materiais de construção) ou execute uma caixa de alvenaria com tampa removível ao redor da válvula.*

Válvulas de escoamento

As válvulas são peças que, colocadas nas pias, tanques e lavatórios, têm a função de escoar a água para a rede de esgoto. Quanto ao uso e tamanhos, existem os seguintes:

Uso	Exemplo	Tamanhos
Lavatório e bidê		1 1/4" e 1 1/2"
Tanque		1 1/4" e 1 1/2"
Pia de cozinha		1 1/4" e 1 1/2"

Fonte: Metais DECA

A instalação básica é da seguinte forma:

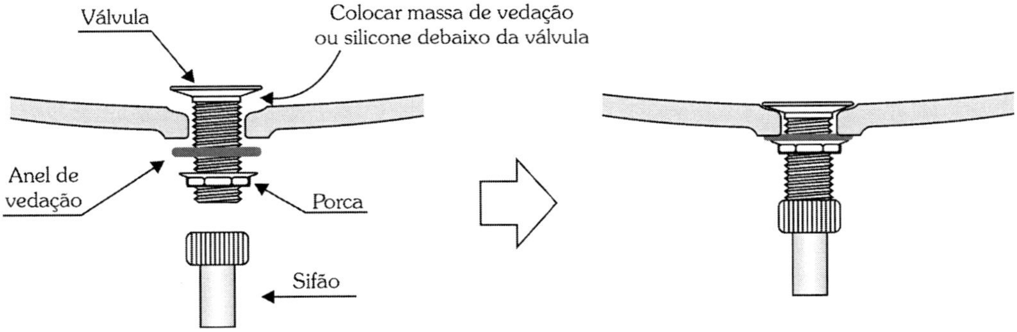

Sifões

Como já visto anteriormente, os sifões têm a mesma função das caixas e ralos sifonados: funcionam como fecho hídrico, impedindo o retorno dos gases da rede primária para o ambiente.

Os sifões são dispositivos instalados sob lavatórios, pias e tanques, ligando as válvulas de escoamento à rede secundária de esgoto.

Possuem grande variedade de modelos, desde os mais simples até os mais sofisticados. Vejamos alguns obtidos da empresa Metais Esteves S/A[8]:

	Sifão regulável para lavatório, pia e tanque.
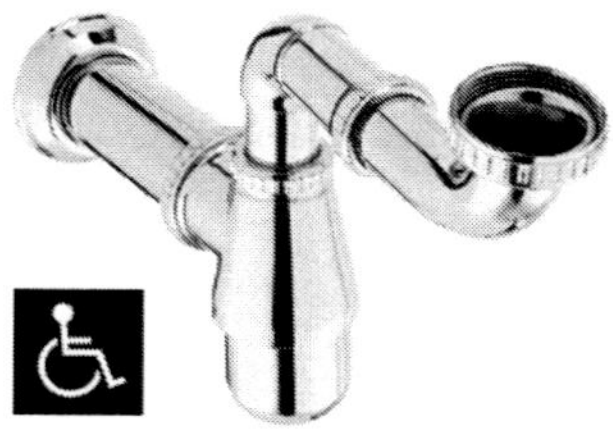	Sifão cruzado (articulado) para lavatório e pia com regulagem. É apropriado para lavatórios destinados aos portadores de necessidades especiais, porque a saída da água pode ficar fora do centro do lavatório ou pia, facilitando assim o uso de cadeirantes.
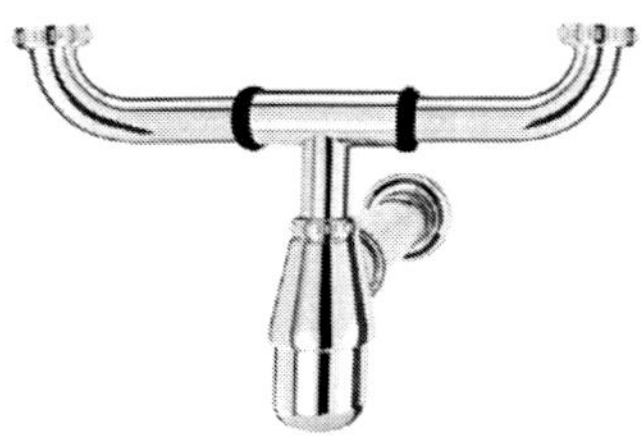	Sifão duplo, ideal para pias com duplas cubas ou tanque duplos.
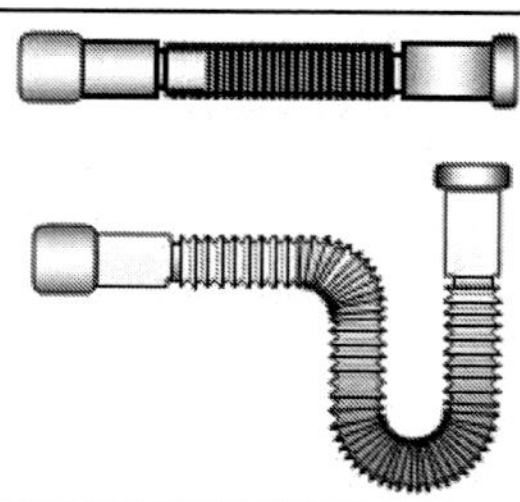	Tubo de ligação extensível. Ideal para qualquer situação em que não possa ser conectado um sifão convencional.

> ***Observação:*** *Muitas vezes, ao realizar uma instalação de sifão, verificamos que a posição de saída do esgoto de uma pia ou tanque não comporta um sifão porque a distância entre a cuba e a saída é maior do que o sifão pode suportar. No mercado há prolongadores para este fim.*

8 www.esteves.com.br

Instalação de sifão do tipo copo e suas partes

Sejam de metal ou de plástico, os sifões possuem porcas para fixação de suas peças. Use apenas fita veda rosca com aperto com as mãos. Não há necessidade de ferramentas como chave de grifo.

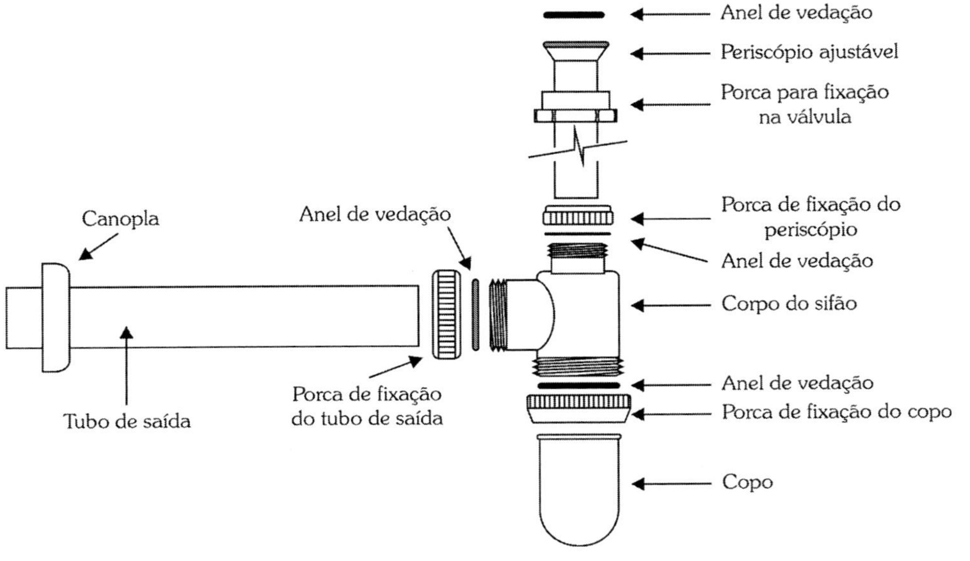

Partes de um sifão copo

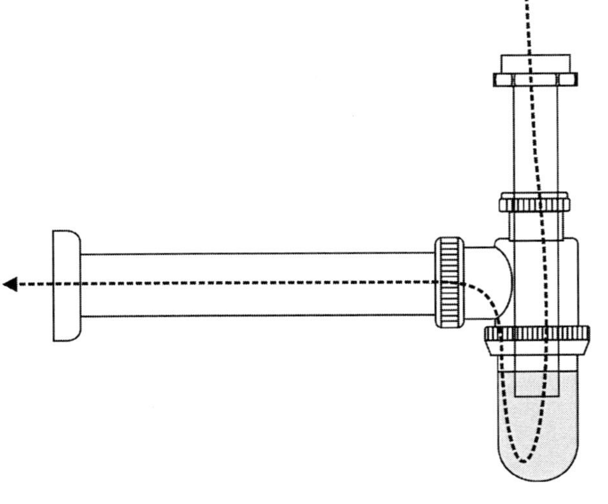

Fluxo da água no sifão copo

Caixas de inspeção e de retenção

Caixas de inspeção (CI)

Como o próprio nome indica, essa caixa é executada em pontos estratégicos de uma rede primária com a finalidade de proporcionar inspeção ou limpeza na rede de esgoto. As concessionárias de saneamento normalmente exigem uma caixa de inspeção (CI) no final da rede primária das edificações, normalmente na divisa do lote com a rua, para que se possa fazer a interligação da rede predial com a rede pública de coleta de esgoto. Para redes muito extensas, é interessante a colocação de uma CI pelo menos a cada 20 m.

Essas caixas podem ser de alvenaria, desde que revestidas com argamassa de cimento e areia no traço 1:3 (em volume) com aditivo impermeabilizante ou adquirido no mercado em concreto. Possuem dimensões de 60 x 60 cm com no máximo 1 m de profundidade. Há também caixas de inspeção fornecidas em PVC com possibilidades de alteração de altura simplesmente adicionando anéis de complemento.

Seja qual for o tipo de caixa, todas devem ser assentadas em nível e sobre pelo menos uma camada de areia de 5 cm e a tampa deve estar nivelada com o piso.

Para a execução de uma CI destinada à ligação na rede pública de saneamento, é importante consultar a Companhia de Saneamento para obter detalhes de dimensões e localização.

Detalhe da caixa de inspeção em concreto pré-fabricado/alvenaria

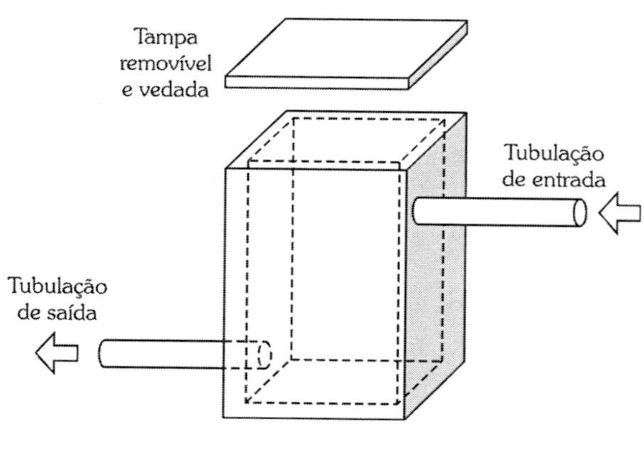

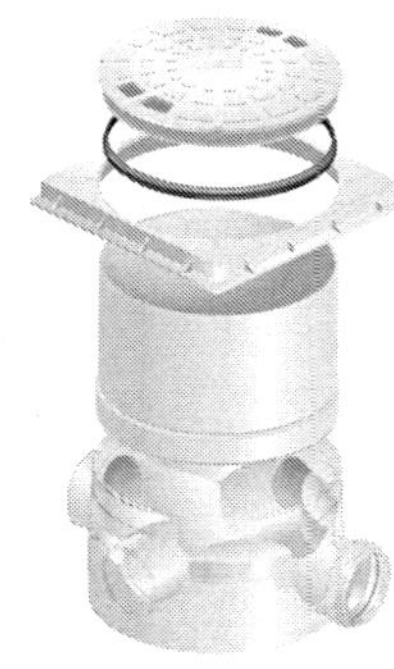

Detalhe caixa de inspeção - PVC
Fonte: Amanco

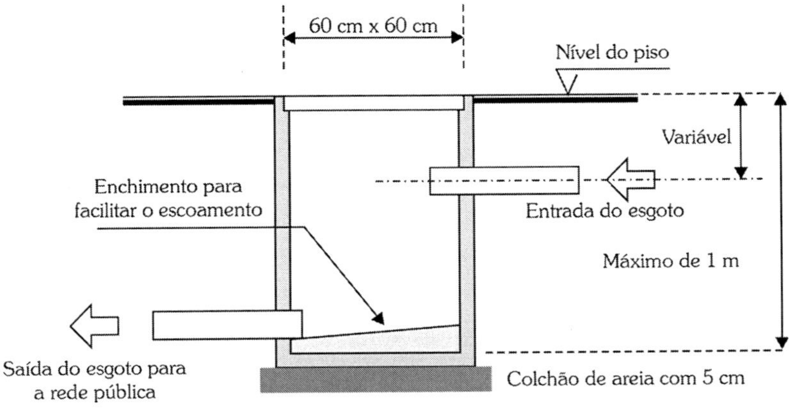

Detalhe da caixa de inspeção - PVC

Caixas de retenção

Outros dispositivos, chamados de caixa de retenção, são exigidos para estabelecimentos comerciais, para que se evite a entrada de resíduos indesejáveis na rede pública de coleta de esgoto, uma vez que esses resíduos devem ter destino próprio. Para a execução dessas caixas, que possuem dimensões apropriadas, deve ser consultada a Companhia de Saneamento para maiores detalhes.

Como exemplo, citamos:

Restaurantes, lanchonetes, padarias e afins	Caixa retentora de gordura
Postos de gasolina, lava rápido, oficinas mecânicas e afins	Caixa retentora de óleo e areia
Lavanderias	Caixa retentora de felpas
Hospitais, clínicas médicas, postos de saúde	Caixa retentora de gases e ataduras e caixa retentora de gordura (caso haja restaurantes nas instalações)
Marmoraria	Caixa retentora de pó de mármore
Supermercados	Caixa retentora de gordura
Shopping center	Caixa retentora de gordura

Fonte: Companhia de Saneamento Básico de São Paulo (SABESP)

Essas caixas possuem as seguintes funções:

- **Caixa retentora de areia:** evita o entupimento da tubulação e promove a sedimentação das partículas sólidas, como areia e terra, impedindo o seu arraste para a rede coletora.

- **Caixa retentora de gordura:** retém as gorduras, graxas e óleos dos dejetos, evitando a sua incrustação na tubulação, evitando a obstrução da rede.
- **Caixa retentora de óleos e graxas:** possui a mesma função da caixa retentora de gordura.

Caixas de passagem

Essas caixas são construídas ou instaladas na rede primária em toda situação em que há desvio da tubulação. Elas têm como finalidade facilitar o escoamento, principalmente dos resíduos sólidos, o que é dificultado quando se usam curvas ou cotovelos. Além do mais, é ainda mais um local onde se podem executar limpezas e ponto de acesso para eventuais desentupimentos.

Elas podem ter até três entradas e uma saída com DN mínimo de 50 mm.

Há no mercado caixas de PVC especiais para esse fim.

Detalhe de caixa de passagem em concreto pré-fabricado/alvenaria

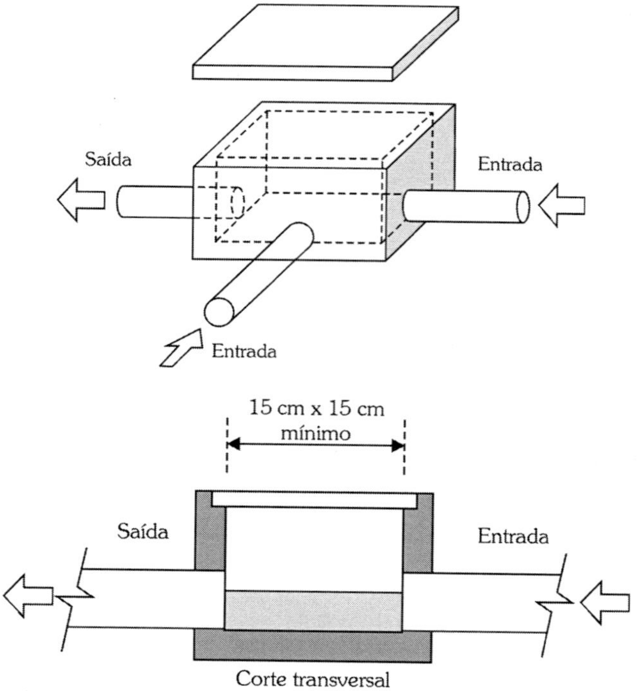

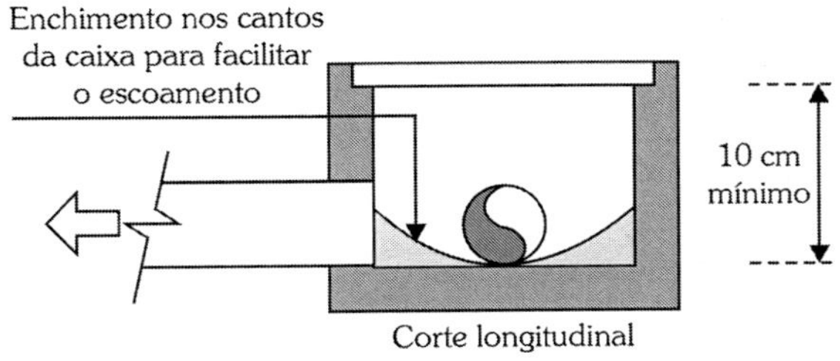

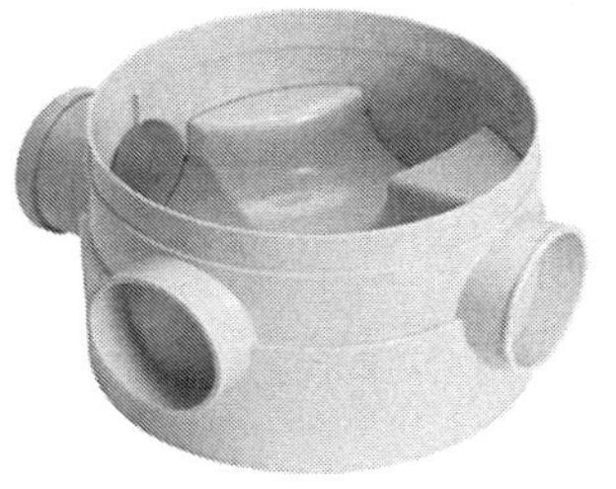

Detalhe da caixa de passagem - PVC Fonte: Tigre

Caixas de gordura

As caixas de gordura têm como função reter a gordura provinda das pias das cozinhas. Possuem duas câmaras separadas por uma placa que separa a parte líquida que contém a gordura da parte líquida que é escoada para a rede de esgoto ligada numa caixa de passagem ou de inspeção. Esse acúmulo de gordura deve ser periodicamente removido para que não prejudique a saída da água.

Nas lojas de materiais de construção é possível adquirir caixas de concreto pré-fabricado prontas para serem instaladas. Não se esqueça de que essas caixas devem ser assentadas sobre uma camada mínima de areia com 5 cm de espessura.

A seguir é mostrado um exemplo de caixa de gordura destinada a suprir uma residência com cozinha. As medidas apresentadas são apenas referências para instalação de uma cozinha. Para instalações maiores, é preciso consultar um profissional especializado.

Detalhe de caixa de gordura em concreto pré-fabricado/alvenaria

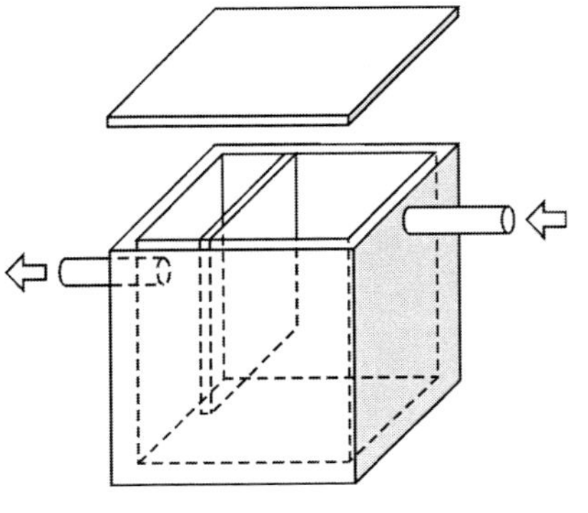

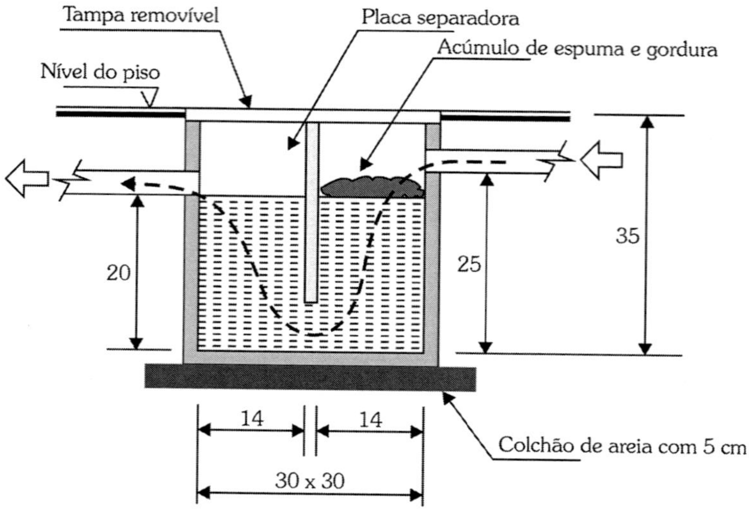

No mercado há também caixas de gordura fabricadas em PVC.

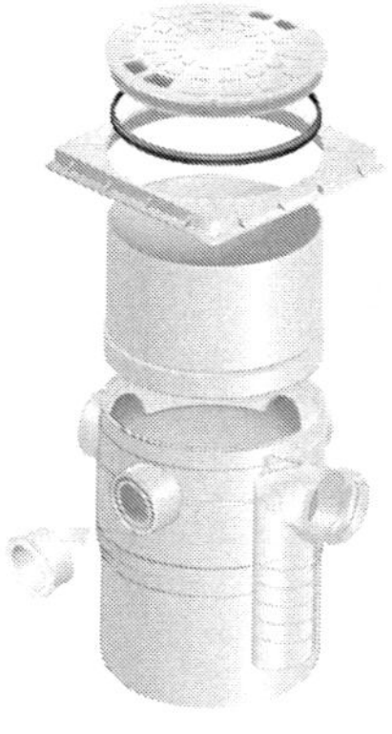

Detalhe caixa de gordura - PVC (Fonte: Amanco)

Tubulação enterrada

As tubulações enterradas merecem cuidados para que não sofram danos ao longo do tempo e do uso. Quando há algum problema de vazamento, os seus sinais, na maioria dos casos, vão aparecer somente depois de longo tempo e com muitos prejuízos.

Esses prejuízos podem ser psicológicos (pelo mau cheiro, reformas, transtornos no dia a dia das pessoas, insetos etc.) e financeiros, tais como serviços de demolição, reconstituição, aterros, compra de materiais, gastos com mão de obra, interrupção dos afazeres, entre outros.

Os sintomas mais comuns:

a) Mau cheiro;

b) Piso oco;

c) Fissuras nas paredes - o vazamento de água ou esgoto pode causar problemas na sustentação das fundações;

d) Dificuldade de escoamento das pias, tanques, vasos sanitários e ralos.

Listamos a seguir recomendações que devem ser seguidas para garantir o bom desempenho das redes enterradas.

- As valas devem ser abertas no máximo alinhamento possível, evitando que as tubulações sofram curvas forçadas.
- O fundo das valas deve ser apiloado (compactado).
- O fundo das valas deve estar alinhado sem altos e baixos. Para isso, usar linhas esticadas e amarradas em piquetes.
- Pontas de ferro, madeiras, pedras e lamas devem ser retiradas das valas.
- A largura das valas deve ser suficiente para que os trabalhos sejam desenvolvidos com segurança e sem riscos de pisoteio das tubulações e conexões.
- Para o reaterro utilizar terra de boa procedência sem pedras, rochas, pedaços de ferragem, madeira ou qualquer outro material perfurante.
- Efetuar boa limpeza das pontas dos tubos e conexões para que não haja prejuízo nos encaixes.
- Assegurar que não há materiais estranhos no interior dos tubos e conexões, tais como terra, papel, plástico.
- Assegurar que os anéis de vedação, quando forem usados, estejam perfeitamente encaixados no lugar.
- Assentar as tubulações e conexões sobre uma camada mínima de 5 cm de areia.
- A compactação do reaterro deve ser moderada para não danificar os tubos e conexões. O ideal é envolver tubos e conexões com areia até pelo menos 10 cm acima dos tubos e utilizar a água como meio de adensamento da areia; esse procedimento faz com que todos os vazios sejam preenchidos.
- Certificar-se de que os caimentos estejam corretos e de acordo com o projeto.

- Assegurar que as ligações dos tubos com as caixas de passagem, inspeção e de gordura estejam bem vedadas e fixas.
- Nunca executar curvas por aquecimento (fogo). Utilizar conexões apropriadas.
- Não fazer bolsas por aquecimento (fogo). Utilizar luvas apropriadas.
- Atentar para as ligações e conexões. Executá-las sempre a favor do escoamento dos líquidos.
- Atenção especial para as redes executadas sob passagens de veículos. Usar os mesmos critérios já vistos no capítulo sobre água fria.

Procedimentos e cuidados

Para garantir a execução de uma instalação e sua manutenção, recomendamos o seguinte:

- Os materiais devem ser adquiridos de empresas reconhecidas no mercado. Nem sempre o mais barato é o melhor.
- As normas técnicas devem ser obedecidas, além de consultar os fabricantes em caso de dúvidas.
- As conexões devem ser cuidadosamente executas para garantir a estanqueidade e evitar o retorno dos gases provenientes da tubulação primária.
- Não utilizar vedantes não recomendados pelos fabricantes. O uso de materiais sem procedência deixa a instalação em risco.
- Cuidados com as pastas lubrificantes. Use sempre as recomendadas pelo fabricante. Há pastas que provocam corrosão em borrachas, comprometendo a estanqueidade dos anéis de vedação.
- As tubulações fixas externamente devem prever a movimentação térmica da instalação.
- Quando uma tubulação externa atravessa uma estrutura, deve-se prever uma passagem maior que o diâmetro externo dos tubos. Isso evita que a movimentação estrutural interfira na instalação.
- Os tubos e conexões devem ser armazenados em lugar limpo, plano e abrigado das intempéries.
- As louças sanitárias devem estar armazenadas em lugares limpos, planos, protegidos das intempéries e sem risco de materiais sobre elas.

- Antes do início da operação das instalações, verificar a limpeza de todas as caixas e ralos, fazendo a limpeza completa se for o caso.
- Quando tampas e acessos forem removidos, efetuar limpeza e verificar o estado das caixas e conexões. Fazer as substituições e os reparos necessários.
- Cuidado com os produtos químicos utilizados para desentupimentos. Ler atentamente rótulos e condições de uso para evitar problemas de saúde e danos nas instalações. Utilizar os equipamentos de proteção recomendados.
- Ao utilizar varas e arames para eventuais desentupimentos, garantir primeiramente que não haverá danos nas instalações.
- Muitas vezes o uso de desentupidores de borracha, facilmente encontrados nas lojas de materiais de construção, resolve problemas de entupimentos, principalmente de pias, tanques e lavatórios.
- Nas lojas especializadas encontram-se desentupidores com hastes flexíveis para desentupimentos de redes de esgoto. Deve-se proceder a uma atenta leitura dos manuais de instrução para bom uso do equipamento.
- Efetuar limpeza periódica nos sifões dos tanques, lavatórios e pias.
- Limpar pelo menos a cada seis meses as caixas de gordura.
- Realizar dedetização preventiva nos ralos contra baratas e outros insetos.
- Em banheiros e outros cômodos que possuem ralos ou sifões sifonados de pouco uso, abrir as torneiras para que seja recomposto o fecho hídrico dessas peças.

Insumos

Adaptamos da Amanco a tabela de consumo de pasta lubrificante utilizada na instalação da rede de esgoto.

Lembre-se de que os dados a seguir se referem ao consumo ideal, não considerando perdas provocadas por mau uso e conservação.

Pasta lubrificante					
Consumo por g/junta					
DN	40	50	75	100	150
(g/junta)	10	12	15	23	35
Quantidade de juntas por embalagem					
DN	40	50	75	100	150
Bisnaga de 100 gramas	10	8	6	4	2
Bisnaga de 400 gramas	40	33	26	17	11
Bisnaga de 1.000 gramas	100	83	66	43	28

Exercícios

1. Que tipos de ralo possuem os chamados fechos hídricos?
2. Um trecho de tubulação para esgoto entre um joelho e um tê (soldáveis), em PVC de 75 mm de diâmetro, possui 210 cm de comprimento entre eixos. Determine o comprimento do tubo a ser cortado, sabendo que as conexões serão feitas por meio de anéis de vedação.
3. Ao inspecionar uma residência, como podemos localizar indícios de vazamento ou entupimentos nas tubulações de esgoto?
4. Ao efetuar a ligação entre um tubo e uma conexão de 45°, verificamos que não há um encaixe perfeito, ou seja, o ângulo entre as peças é diferente da conexão. Qual seria a solução?

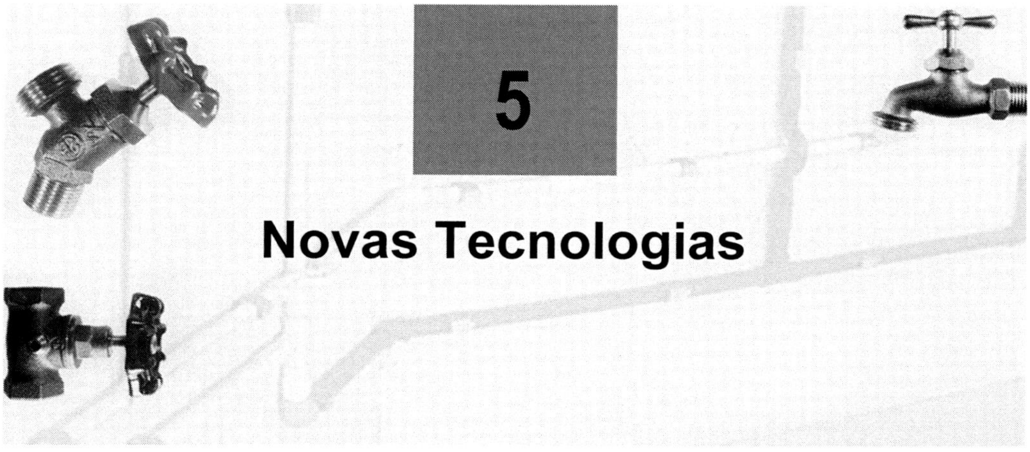

5

Novas Tecnologias

Introdução

O objetivo deste capítulo é apresentar as novidades do mercado que já estão sendo incorporadas em muitas construções. Mesmo sabendo que ainda não fazem parte do dia a dia, resolvemos mostrar como atualização tecnológica, o que proporciona amplo conhecimento dos mais diversos meios de executar as instalações hidráulicas.

É certo que o PVC obteve uma esmagadora aprovação nas instalações hidráulicas residenciais e mesmo industriais. Esse material veio substituir os antigos tubos de ferro galvanizado para a condução da água e as manilhas de barro vidrado para a condução de esgotos e águas pluviais.

Surgem a cada dia novos materiais e novas tecnologias que procuram atender consumidores e empresários mais exigentes e, por consequência, vão atender a cronogramas cada vez mais curtos para que as obras sejam entregues no menor prazo possível para o seu uso final. Isso demanda economia em tempo e em prazos.

Vamos apresentar os seguintes materiais:

- Polipropileno copolímero random - PPR
- PVC mineralizado
- Sistema PEX - ponto a ponto
- Equipamentos para corte (rasgo) em alvenaria

Polipropileno copolímero random - PPR

Material utilizado na fabricação de tubos e conexões para instalação de água fria ou quente com a vantagem de possuir mais flexibilidade, reduzindo a quantidade de conexões, principalmente de curvas e cotovelos.

Diferentemente do PVC, em que a união entre as peças e conexões se dá por soldagem (uso de adesivos especiais), no PPR essas uniões se dão por meio de termofusão, o que confere uma peça única devido à fusão por aquecimento do material. Para essa operação é necessário equipamento especial.

Termofusor

Tesoura para corte de tubos

Fonte: Amanco

Outra vantagem no uso desse material é que reduz o ruído nas instalações por possuir características antiacústicas.

Da mesma forma que o CPVC, não há necessidade de revestimento térmico a não ser que a instalação esteja exposta às intempéries.

Veja a seguir o procedimento básico para a união das peças. Para maiores detalhes, consulte o fornecedor.

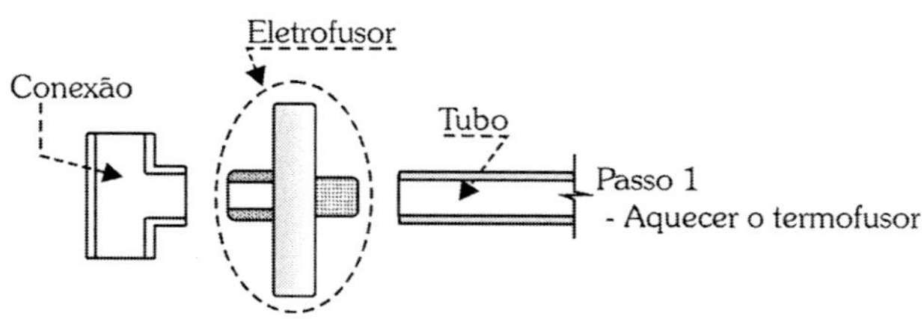

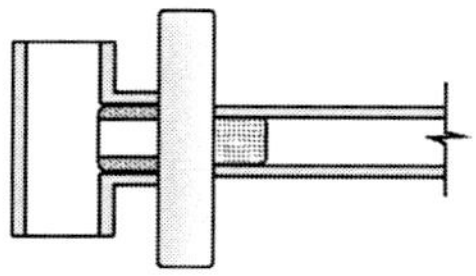

Passo 2
- Conectar as partes a serem fundidas nos pinos laterais para aquecimento das paredes: conexão de um lado e tubo do outro.

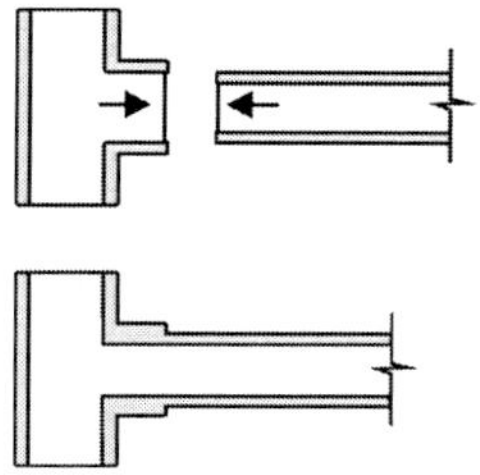

Passo 3
- Retirar as partes e juntar;
- As paredes das peças serão fundidas formando uma só peça.

A título de exemplificação, mostramos a seguir algumas conexões em PPR fornecidas pela Amanco. Para catálogo geral das conexões e maiores informações, consulte o site www.amanco.com.br.

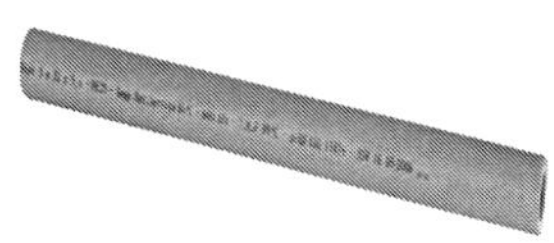	Tubo	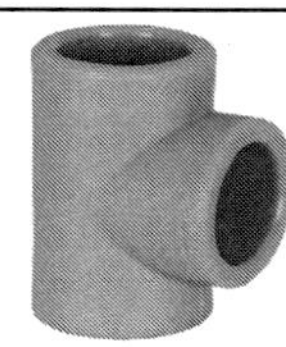	Tê
	Luva		Adaptador
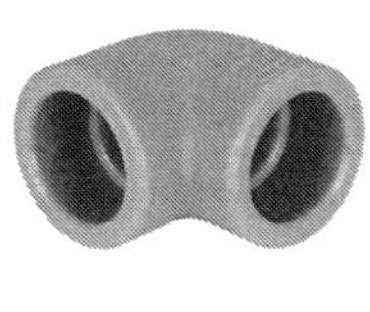	Joelho		Registro de pressão (Drywall)
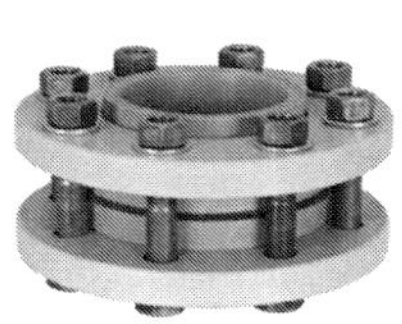	União flangeada		Registro de gaveta (Drywall)

PVC mineralizado

São tubos e conexões em PVC de alta densidade com paredes mais espessas e aditivos minerais, com finalidade acústica. Reduzem o barulho provocado pelo deslocamento da água nas tubulações.

São utilizados principalmente em redes de esgoto de edifícios e fornecidos com os mesmos diâmetros das linhas convencionais. Possuem ainda anéis de vedação integrados nas conexões.

Quanto à forma de procedimento na união das peças e conexões, é preciso executar os mesmos procedimentos já vistos na utilização dos tubos de PVC convencionais. Utiliza-se a pasta lubrificante.

Apresentamos a seguir alguns exemplos[9] da linha Silentium® produzida pela Amanco, fornecidos na cor alaranjada.

Tubo	Joelho	Tê

Sistema PEX - ponto a ponto

O sistema ponto a ponto para água quente ou fria utiliza tubos fabricados pelo sistema PEX (poliestireno reticulado) que possui alta resistência e flexibilidade, o que permite, com o uso de um "distribuidor" (ou manifold), fazer a ligação com os pontos de utilização sem uso de curvas ou cotovelos.

[9] Para catálogo completo das conexões acesse www.amanco.com.br.

Distribuidor ou manifold

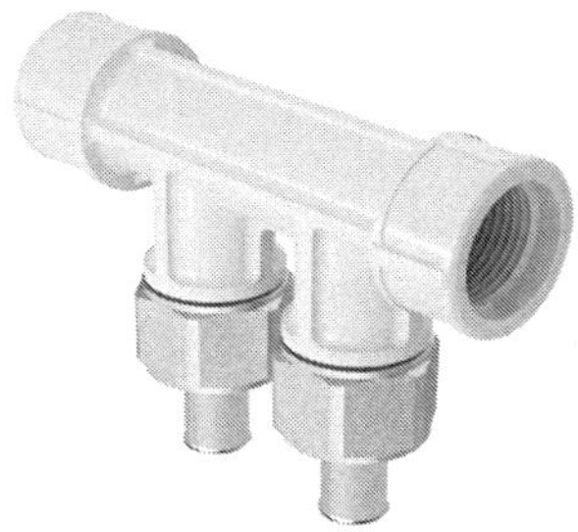

Fonte: Tigre S.A.
www.tigre.com.br

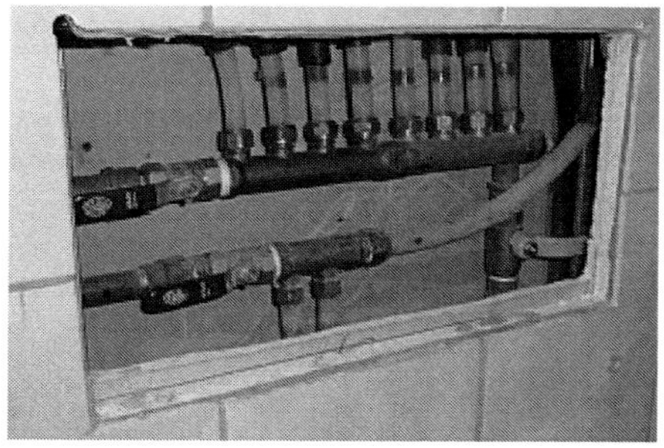

Fonte: PEX do Brasil
www.pexdobrasil.com.br

É um sistema ideal para as paredes de gesso acartonado (sistema Drywall) e em construções que necessitam de inspeções constantes e manutenção rápida sem o quebra-quebra de alvenaria e paredes, como é o caso de hospitais, clínicas, hotéis, restaurantes e mesmo em edifícios.

Pode ser apresentado em duas versões, sendo monocamada para água fria e multicamada com revestimento de alumínio para redes de água quente.

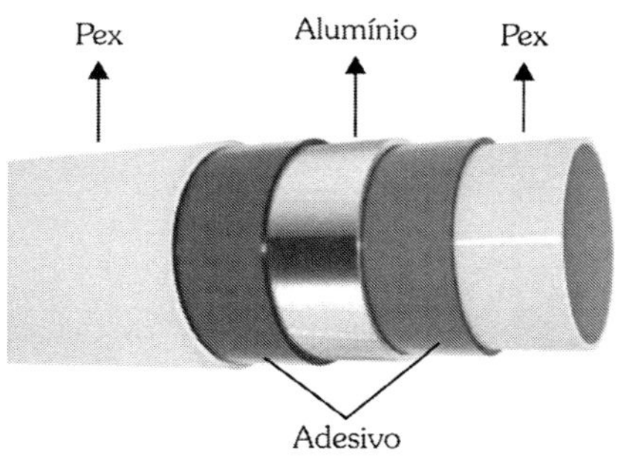

Tubo PEX Tigre Multicamada - Fonte: Tigre S.A. - www.tigre.com.br

A sua instalação consiste primeiramente em deixar "embutido" na alvenaria e nas paredes um tubo guia que vai receber o tubo PEX. Há também a necessidade de posicionar no ambiente uma caixa de distribuição que vai acomodar o "distribuidor" que será ligado aos pontos de consumo. Quanto às conexões, são executadas por meio de uma "crimpagem" ou por meio de porcas com bucha de vedação, e os tubos são simplesmente cortados com uma tesoura especial.

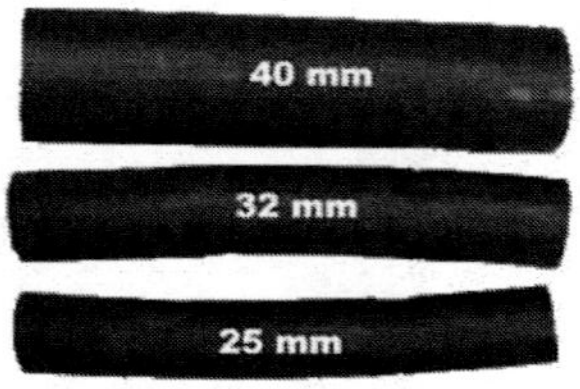

Fonte: PEX do Brasil - www.pexdobrasil.com.br

Os tubos PEX são fornecidos nos diâmetros de 16 mm, 20 mm e 25 mm, 32 mm e 40 mm.

A seguir apresenta-se o esquema básico de uma instalação. Sempre se recomenda uma consulta aos fornecedores desse tipo de instalação.

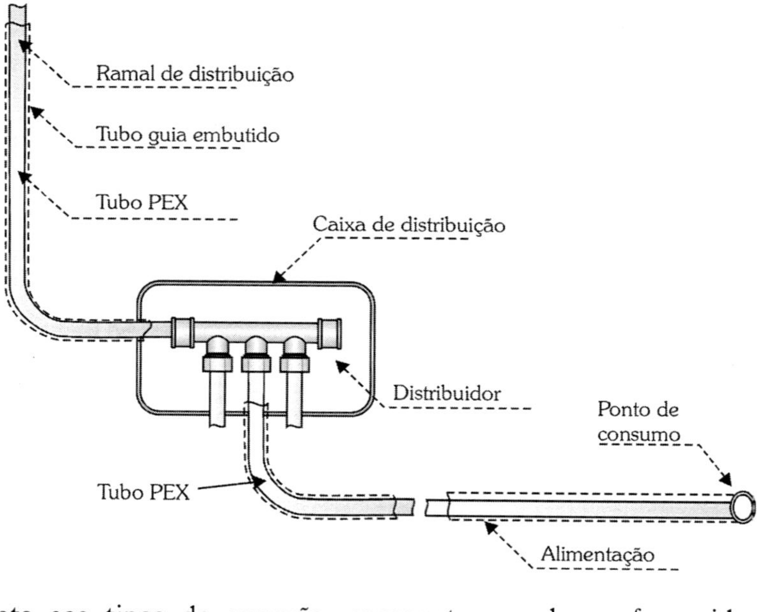

Quanto aos tipos de conexão, apresentamos alguns fornecidos por duas empresas: PEX do Brasil e Tigre S/A. Para ver o catálogo completo, consulte os fornecedores.

PEX do Brasil

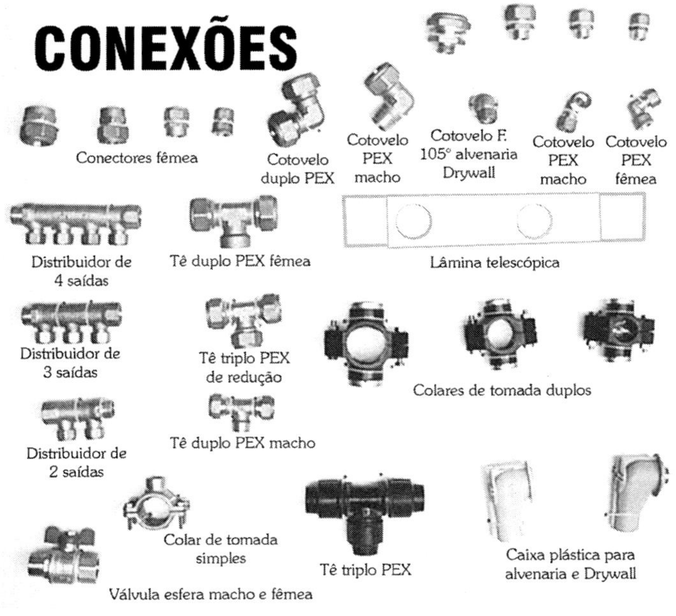

Tigre S/A

	Tubo PEX Tigre monocamada/multicamada
	Tubo bainha azul
	Joelho 90°
	Joelho 90° rosca macho

	Joelho terminal rosca fêmea
	Luva
	Luva de redução
	Conexão fixa macho
	Conexão fixa fêmea
	Tê
	Tê de redução
 	Conexão móvel

	Tê rosca macho
	Tê rosca fêmea
	Joelho rosca móvel
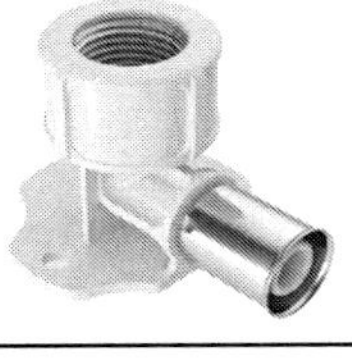	Joelho com base fixa
	Joelho 45°
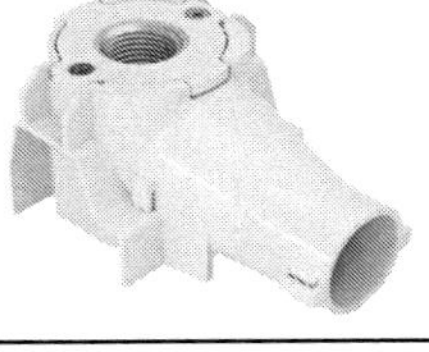	Joelho removível curto
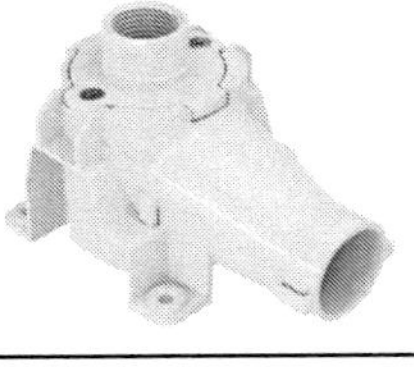	Joelho removível longo

	Distribuidor 2 saídas
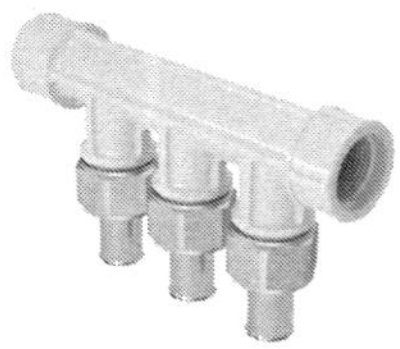	Distribuidor 3 saídas
	Cortador de tubos
	Alicate crimpador
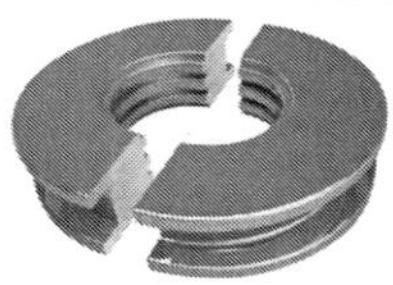	Anéis de crimpagem
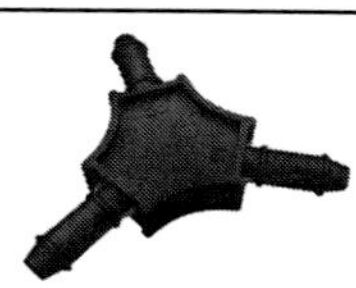	Calibrador/chanfrador
	Curvador PEX

Equipamentos para corte (rasgo) em alvenaria

Tradicionalmente, os cortes ou os rasgos em alvenarias para o embutimento das instalações hidráulicas são executados com o uso de talhadeiras e marretas, o que proporciona desperdício de material, risco de lesões nas mãos dos operários, cortes irregulares e baixa produtividade.

Para a solução desses problemas, foram desenvolvidos equipamentos com essa finalidade. O corte nas alvenarias executado por esses equipamentos pode variar de 0 (zero) a 50 mm na profundidade e de 6 a 50 mm na espessura, podendo, em alguns equipamentos, atingir uma produtividade de 400 metros lineares, dependendo do material a ser cortado, da sua profundidade e largura do corte.

Fonte: Macroza Cortadora de Paredes - www.macroza.com.br

Apresentamos em seguida alguns fornecedores desses equipamentos:

Diâmetro do disco 125 mm (5")
Profundidade de corte 0-30 mm
Largura de corte 6-30 mm
Potência 1.400 W

Fonte: www.makita.com.br/produtos/produtos.asp?codigo=5

Fonte: Macroza Cortadora de Paredes - www.macroza.com.br

Fonte: Hilti Brazil - www.hilti.com.br

6 Interpretação Básica de Projetos

Introdução

Para que um instalador possa executar uma instalação hidráulica, é preciso ter, pelo menos, uma base de leitura e interpretação de projetos, pois neles se encontram as informações necessárias quanto aos seguintes itens:

- Posição dos aparelhos sanitários, dos metais e registros em relação às paredes;
- Altura dos aparelhos sanitários, dos metais e registros em relação ao piso;
- Diâmetros das tubulações e o tipo;
- Sentido de escoamento e declives (caimentos) das redes de esgoto;
- Posicionamento das tubulações e conexões;
- Posicionamento das caixas e ralos;
- Posicionamento dos reservatórios.

Estas informações se encontram em forma de desenhos e legendas que devem ser interpretados corretamente. Os projetos são apresentados da seguinte forma:

- **Planta baixa:** é um desenho que traz a visão "de cima" das instalações, no qual há intenção principal de mostrar as posições e medidas no plano horizontal.
- **Legendas:** são desenhos diversos cuja finalidade é identificar nos projetos os diferentes componentes das instalações, tais como registros, torneiras, caixas, ralos, tubulação enterrada, conexões etc.

- **Isométrico:** esse tipo de desenho mostra a instalação em perspectiva, dando uma visão tridimensional do que deve ser feito. É um recurso bastante útil.

A seguir são mostrados alguns exemplos que proporcionam o conhecimento da base para interpretação dos projetos de instalação hidráulica residencial.

Projeto básico - Água

Planta baixa

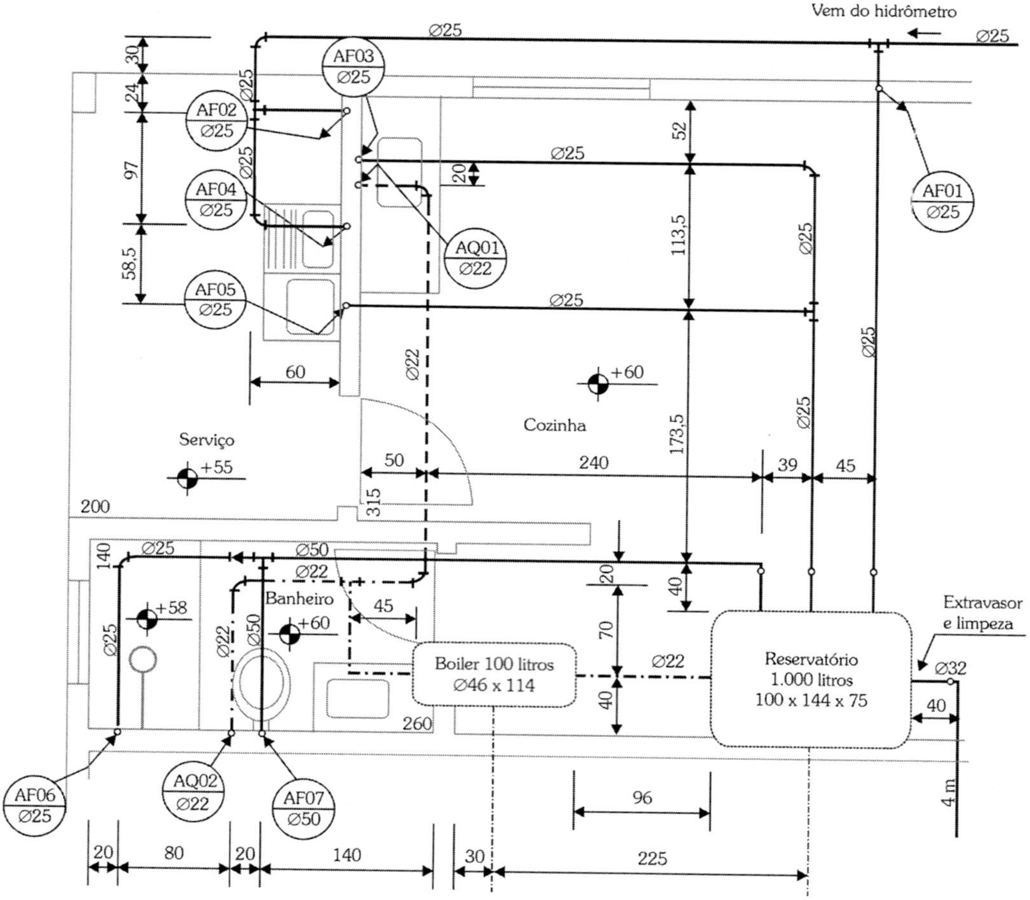

Detalhe do reservatório

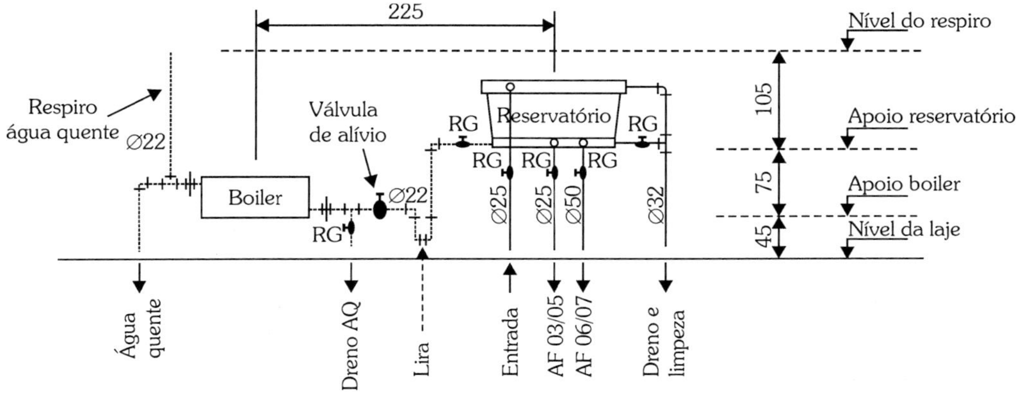

Detalhe do boiler

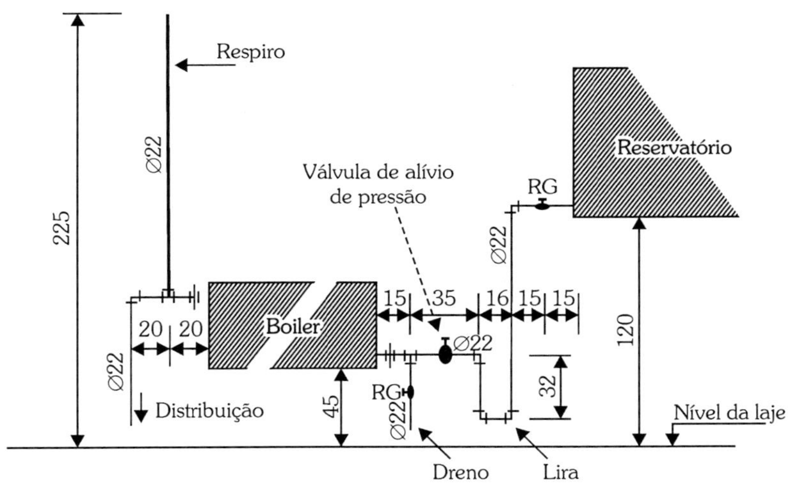

Interpretação

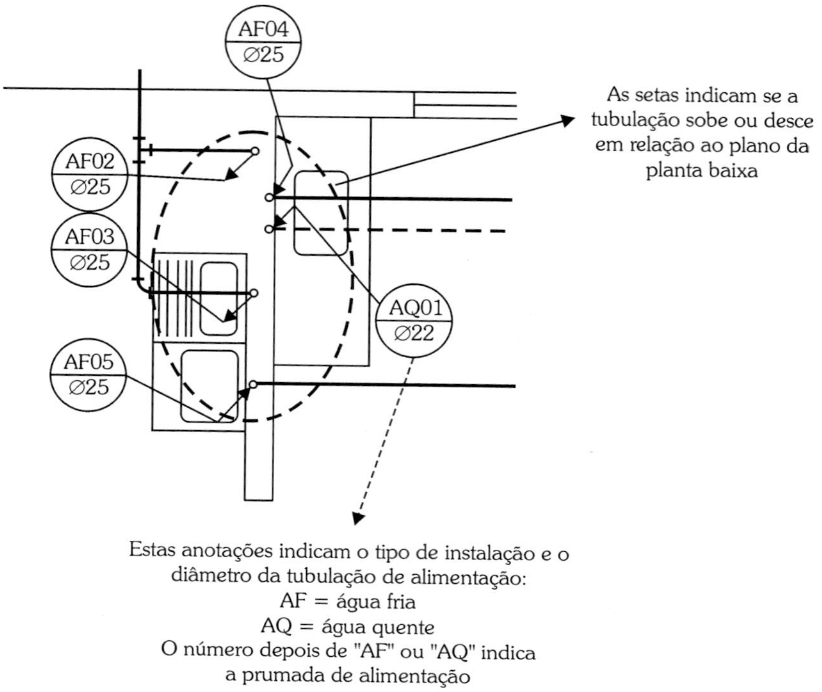

Interpretação 1 - água

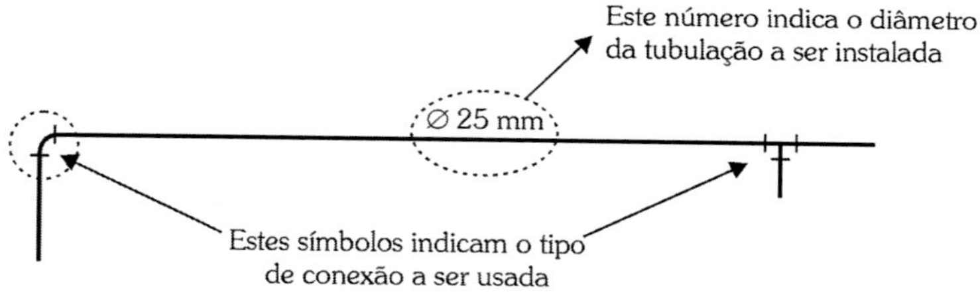

Interpretação 2 - água

Legendas

Apresentamos a seguir as principais legendas utilizadas em projetos de instalação de água fria/quente residencial:

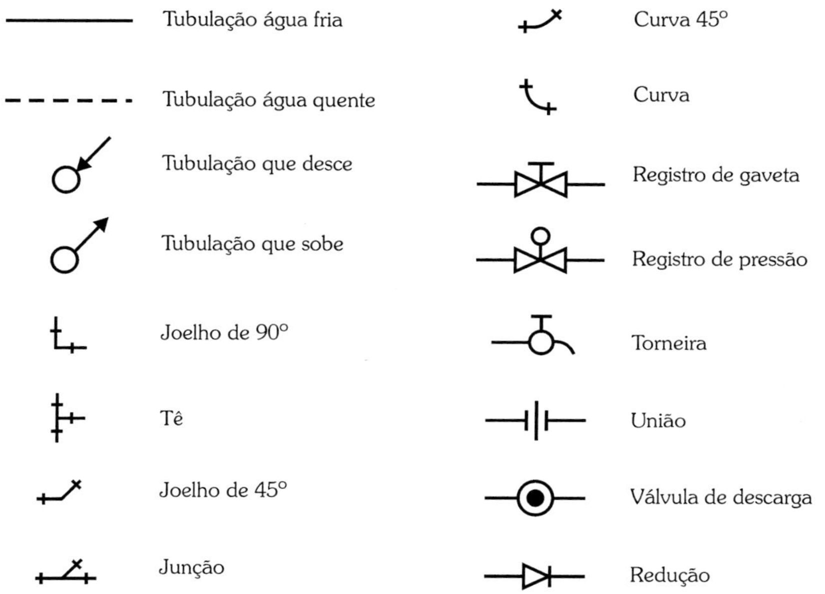

Projeto básico - Esgoto

Planta baixa

A forma mais comum de exibição dos projetos de esgoto é a representação das tubulações e conexões, o que torna o desenho de fácil entendimento para identificação dos tipos de conexão utilizados.

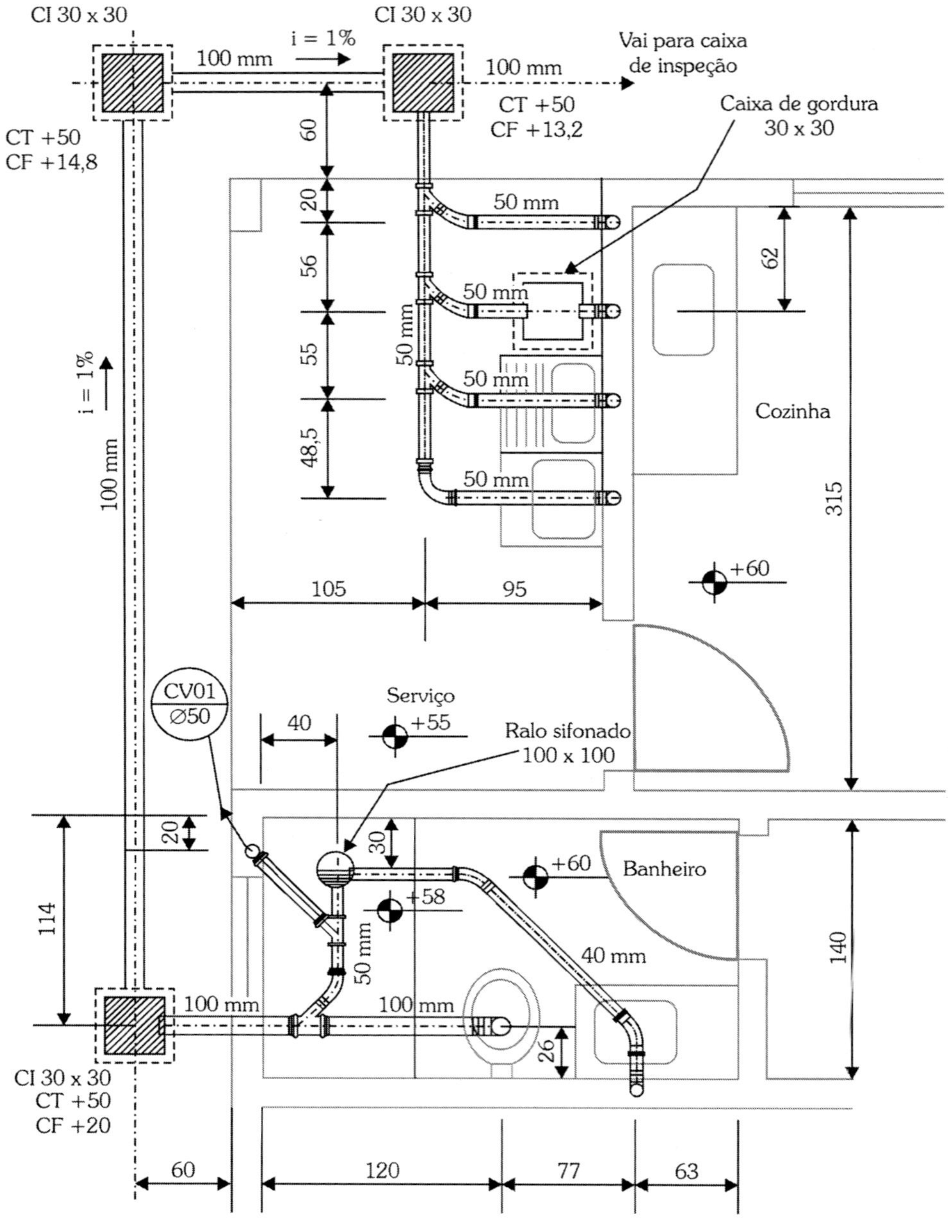
CI 30 x 30
CI 30 x 30
i = 1%
100 mm
100 mm
Vai para caixa de inspeção
CT +50
CF +14,8
CT +50
CF +13,2
Caixa de gordura 30 x 30
60
20
56
55
48,5
50 mm
50 mm
50 mm
50 mm
50 mm
62
Cozinha
315
i = 1%
100 mm
105
95
+60
CV01
Ø50
Serviço
+55
40
Ralo sifonado 100 x 100
20
114
30
+60
Banheiro
+58
50 mm
40 mm
140
100 mm
100 mm
26
CI 30 x 30
CT +50
CF +20
60
120
77
63

Outra forma de apresentação dos projetos de esgoto é a utilização de linhas e símbolos.

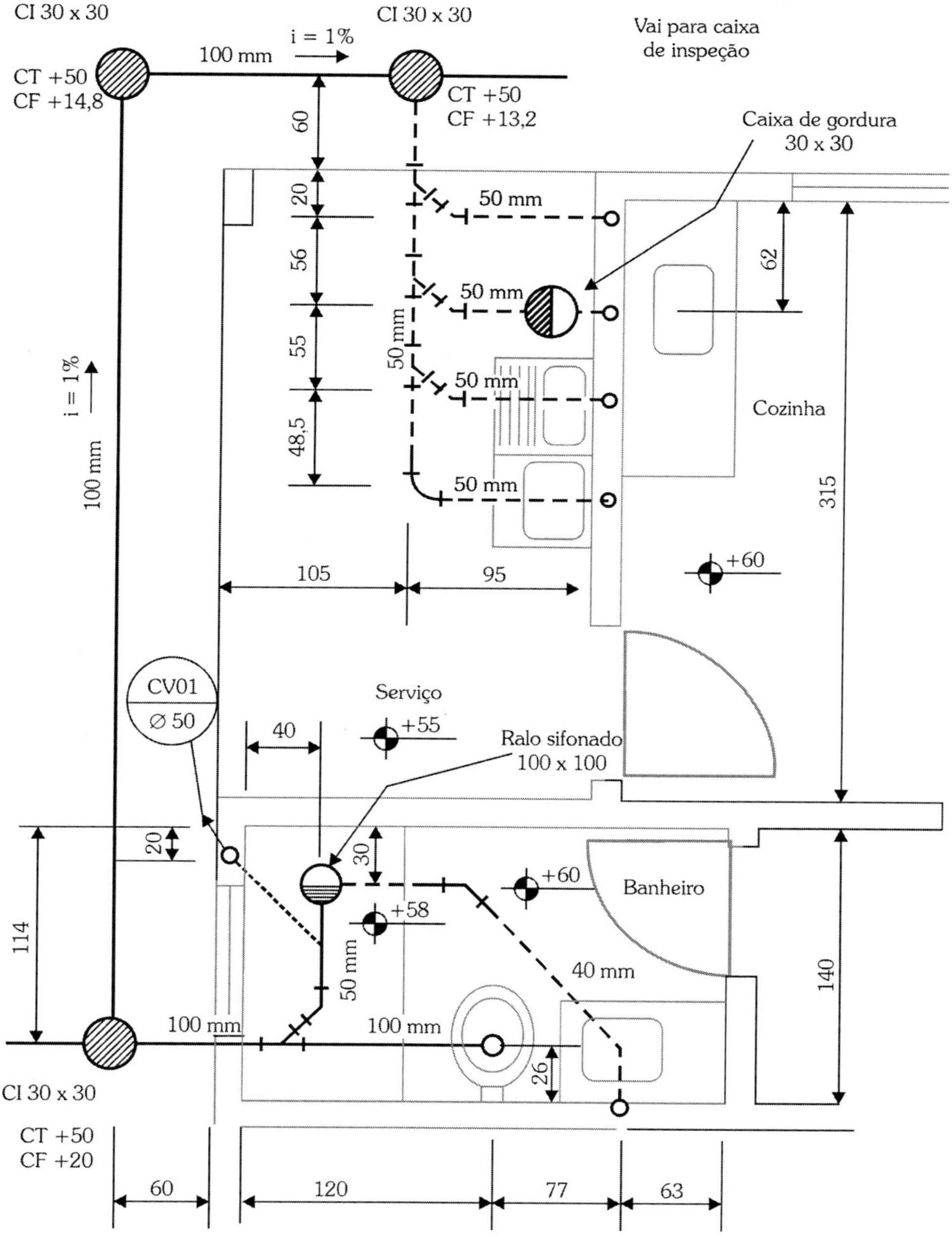

Interpretação

Muitas vezes um projeto apresenta diversos símbolos, porém mostra ao seu lado o significado por escrito, o que auxilia bastante a leitura. Para facilitar ainda mais, normalmente os projetos possuem, além dos desenhos, um quadro indicativo de legendas.

Vejamos a interpretação de algumas partes do projeto de instalação de esgoto anteriormente exemplificado:

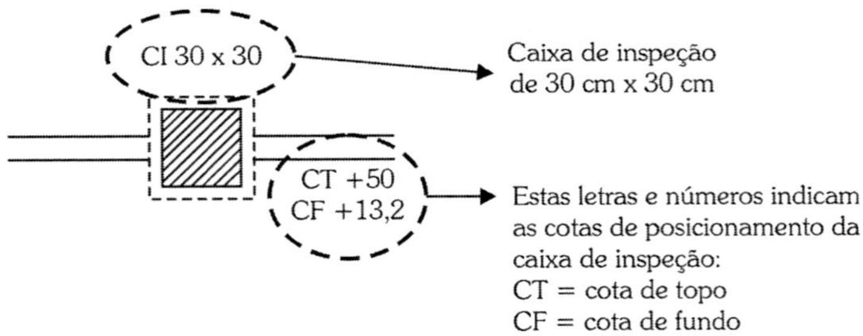

Interpretação 1

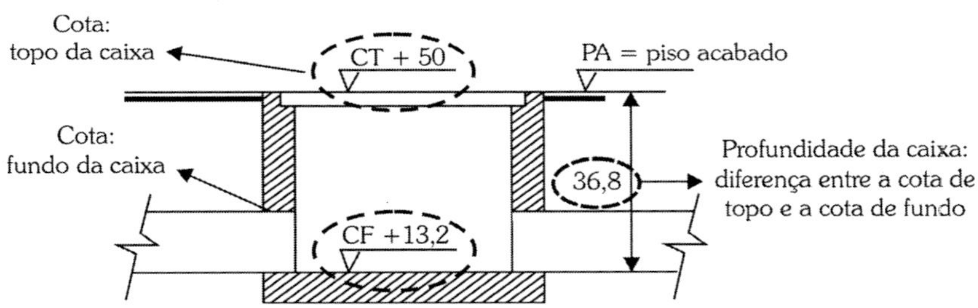

Interpretação 2

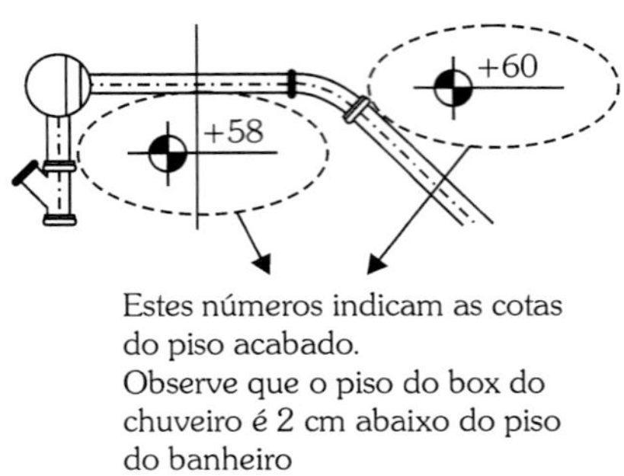

Interpretação 3

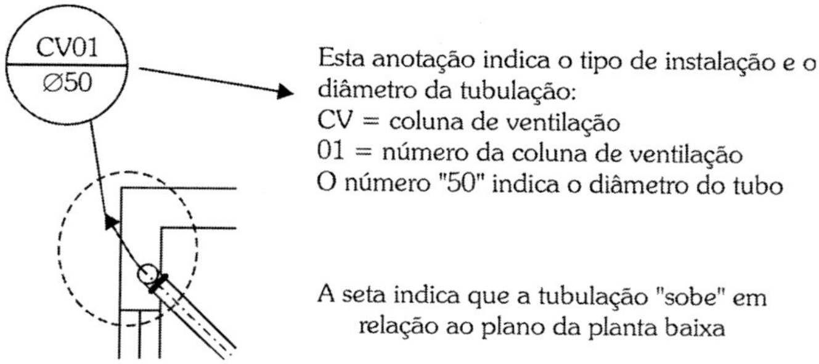

Interpretação 4

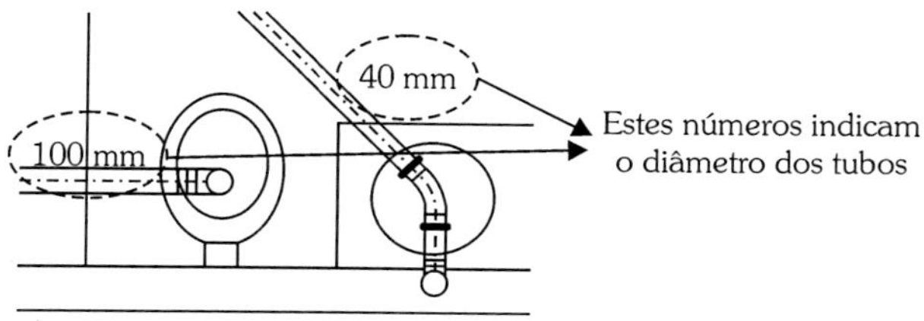

Interpretação 5

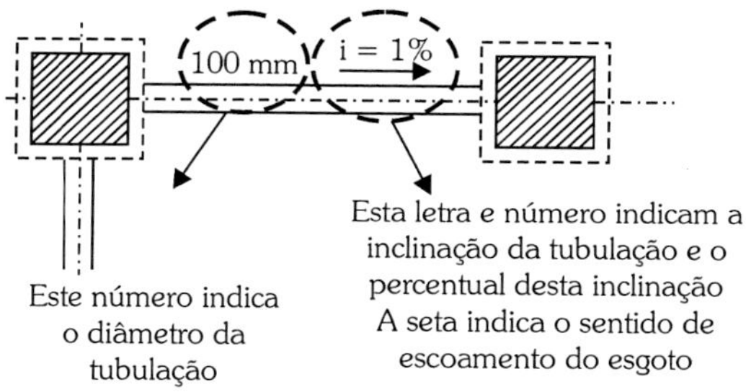

Interpretação 6

Legendas

São descritas a seguir as principais legendas utilizadas em projetos de instalação de esgoto residencial:

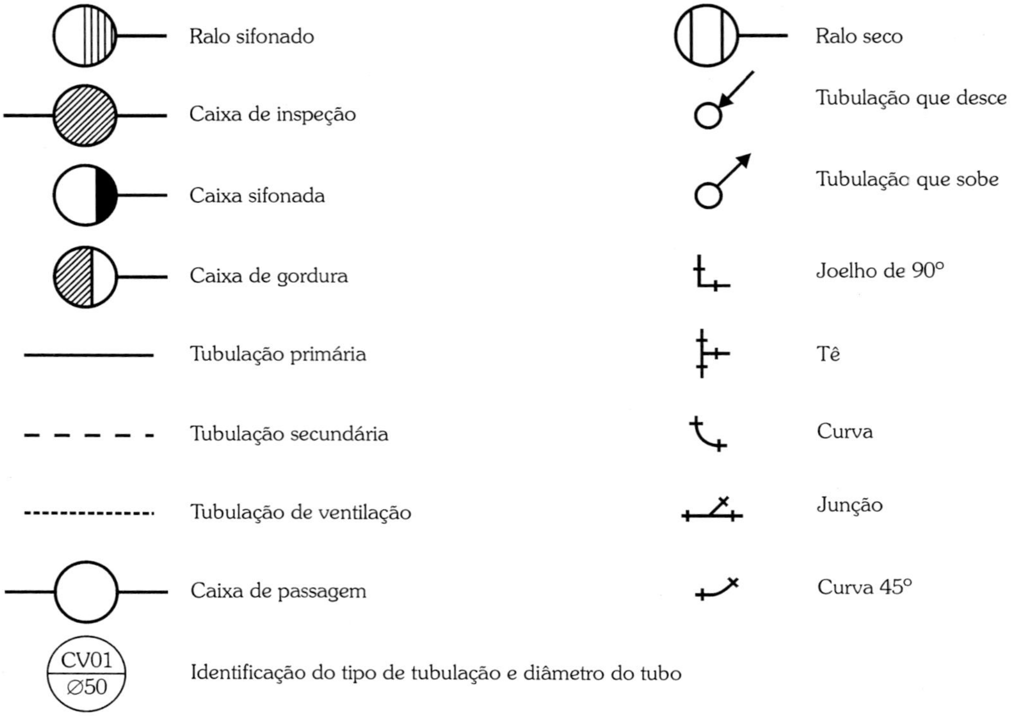

Isométricos

O desenho isométrico fornece a visão em perspectiva da instalação. É bastante útil porque dá a visão quase real da instalação a ser feita, mostrando os ramais de água fria e quente, o posicionamento dos aparelhos sanitários, das conexões, das alturas e distâncias dos pontos de saída e dos registros.

Veja a seguir os isométricos da instalação do banheiro, da cozinha e da área de serviço para a planta baixa - água deste capítulo.

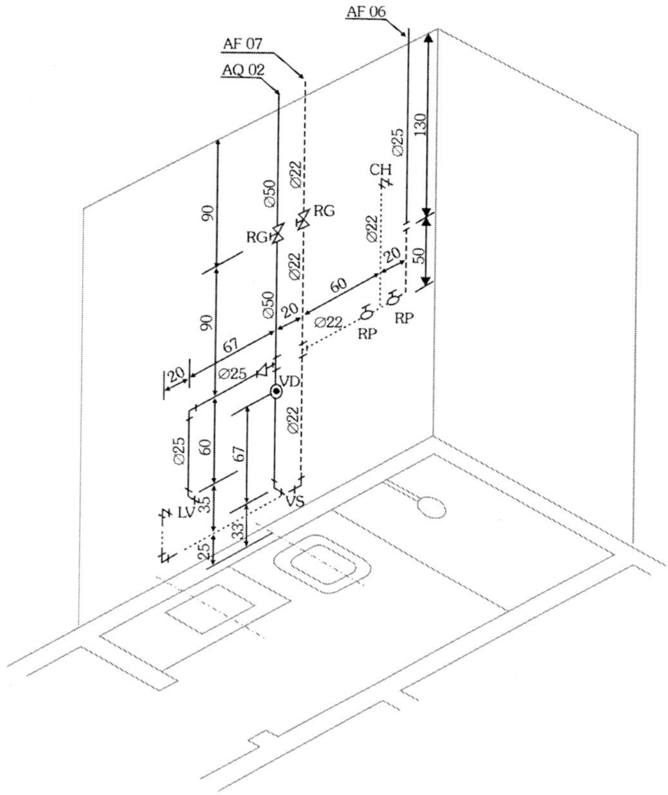

Isométrico - Banheiro

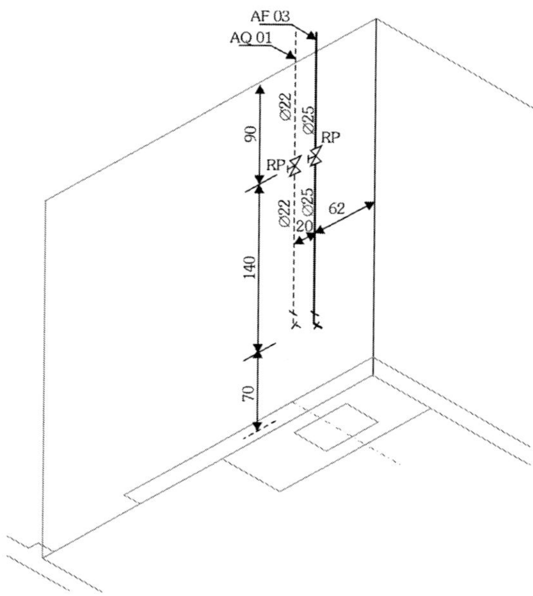

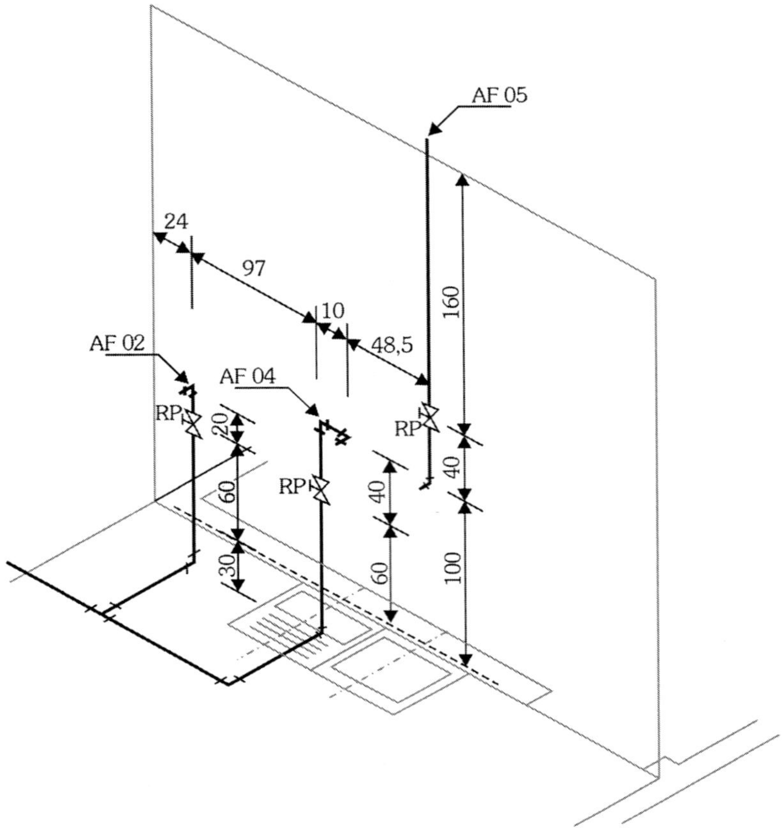

Isométrico - área de serviço

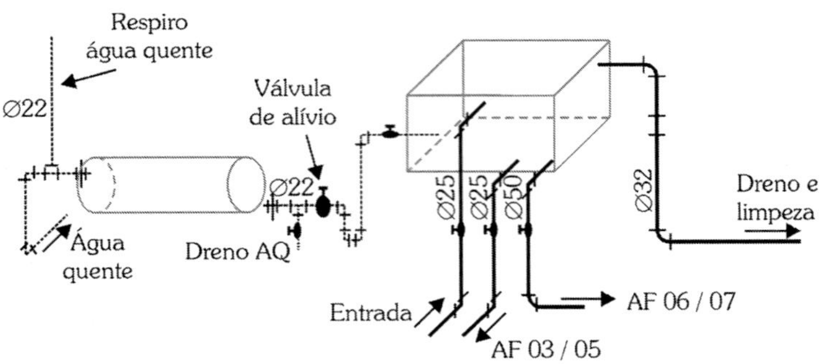

Isométrico - reservatório/boiler

Exercícios

1. Com base nos projetos apresentados neste capítulo, quantifique as conexões e os tubos de água fria. Considere a espessura da laje de 15 cm e a saída de cada tubulação acima da laje com 10 cm.
2. Observando os projetos deste capítulo, quantifique as conexões e os tubos de água quente em cobre. Considere a espessura da laje de 15 cm e a saída de cada tubulação acima da laje com 10 cm.
3. Com base nos projetos deste capítulo, quantifique as conexões e os tubos de esgoto.
4. Considerando os projetos demonstrados neste capítulo, quantifique os insumos para as instalações de água fria, água quente (cobre) e esgoto.

7

Instalações Típicas

Introdução[10]

Apresentamos a seguir, como orientação básica, as principais instalações executadas numa edificação residencial, mostrando as conexões utilizadas.

É importante observar o correto posicionamento das conexões, conforme já comentado em capítulos anteriores.

Legenda: (A) = Tubo/conexão para água

(E) = Tubo/conexão para esgoto

---

[10] As figuras apresentadas neste capítulo tiveram como fonte: Salgado, Julio. **Técnicas e práticas construtivas para edificação.** 2.ed. São Paulo: Érica, 2009.

Vaso sanitário

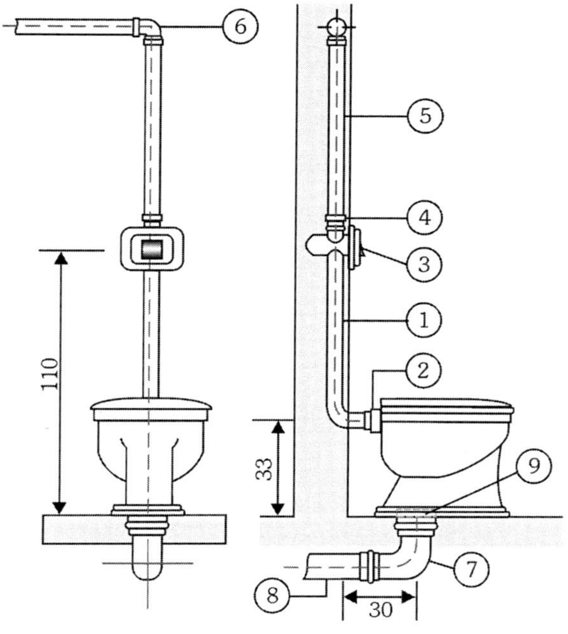

1) Tubo de descarga
2) Bolsa e tubo de ligação
3) Válvula de descarga
4) Adaptador soldável curto com bolsa e rosca 50 mm x 1 1/2" (A)
5) Tubo PVC 50 mm (A)
6) Ligação de saída para vaso sanitário
7) Curva 90° curta 100 mm (E)
8) Tubo PVC rígido 100 mm (E)
9) Vedação de saída

Observação: *A altura da entrada de água e a distância da saída do esgoto do vaso sanitário devem ser conferidas conforme o fabricante.*

Pia de cozinha com sifão e caixa de gordura

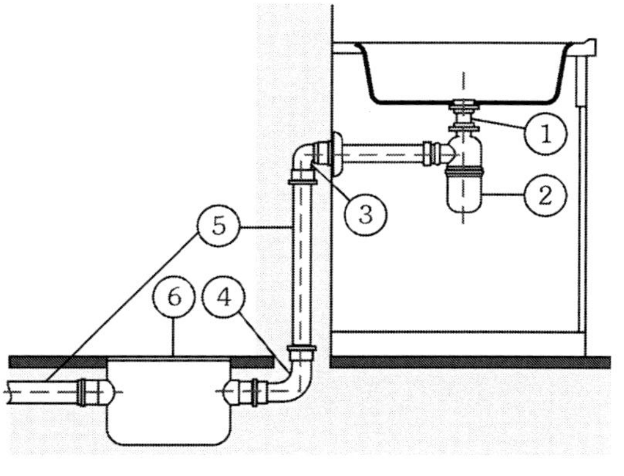

1) Válvula para pia americana
2) Sifão 1 1/4" para pia americana
3) Joelho 90° 40 mm com anel (E)
4) Curva curta 90° 40 mm (E)
5) Tubo PVC 40 mm (E)
6) Caixa de gordura

Observação: *A altura da saída do esgoto da pia é em função da altura da cuba da pia.*

Motobomba em cisterna

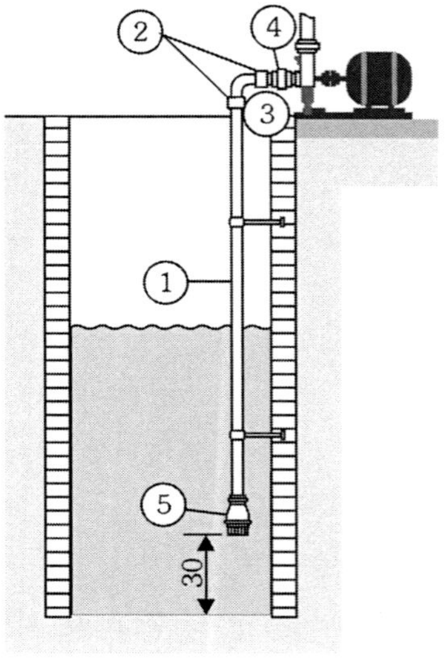

1) Tubo roscável branco 3/4"
2) Luva com rosca 3/4"
3) Curva 90° com rosca 3/4"
4) União com rosca 3/4"
5) Válvula de crivo para poço 3/4"

Lavatório com sifão

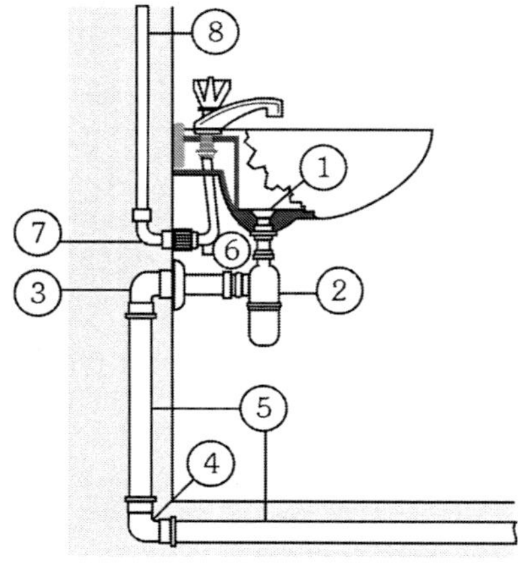

1) Válvula para lavatório sem unho
2) Sifão para lavatório
3) Joelho 90° com anel (E)
4) Curva 90° curta (E)
5) Tubo PVC 40 mm (E)
6) Engate flexível e niple 1/2"
7) Joelho soldável com bucha de latão 20 mm x 1/2" ou joelho soldável de redução com bucha de latão 25 mm x 1/2" (A)
8) Tubo PVC 20 mm ou 25 mm (A)

Lavatório de coluna

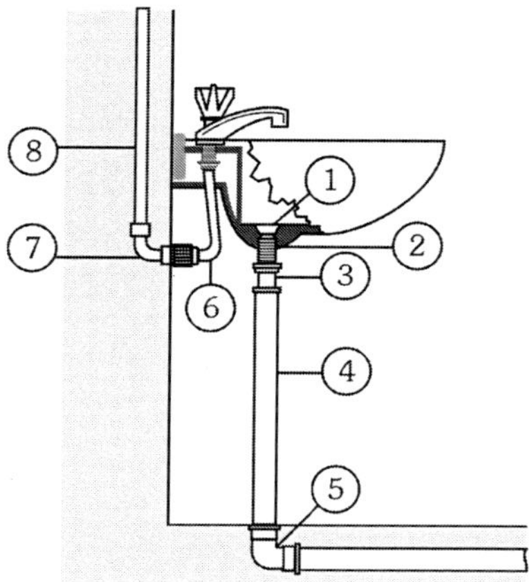

1) Válvula para lavatório
2) Adaptador para válvula de pia e lavatório 40 mm
3) Luva de correr 40 mm (E)
4) Tubo de PVC 40 mm (E)
5) Joelho 90° 40 mm (E)
6) Engate flexível e niple 1/2"
7) Joelho soldável com bucha de latão 20 mm x 1/2" ou joelho soldável de redução com bucha de latão 25 mm x 1/2" (A)
8) Tubo de PVC 20 mm ou 25 mm (A)

Chuveiro

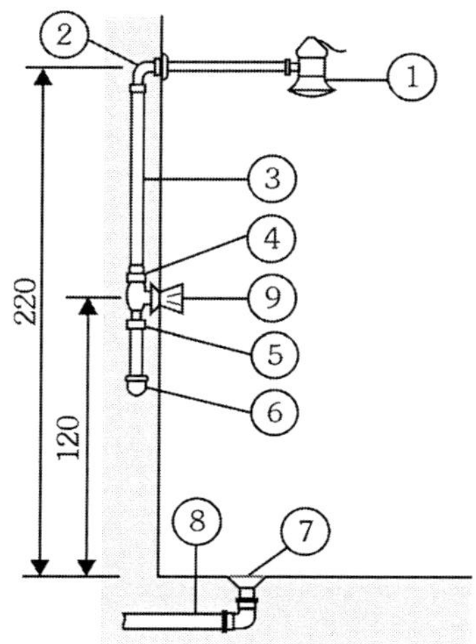

1) Chuveiro
2) Joelho de redução 90° soldável com bucha de latão 25 mm x 1/2" (A)
3) Tubo de PVC 25 mm (A)
4) Luva soldável com bucha de latão 25 mm x 3/4" (A)
5) Adaptador soldável curto com bolsa e rosca 25 mm x 3/4" (A)
6) Tê 90° ou joelho 90° soldável 25 mm (A)
7) Ralo sifonado
8) Tubo PVC rígido 40 mm ou 50 mm (A)
9) Registro de pressão 3/4"

Caixa de descarga para vaso sanitário

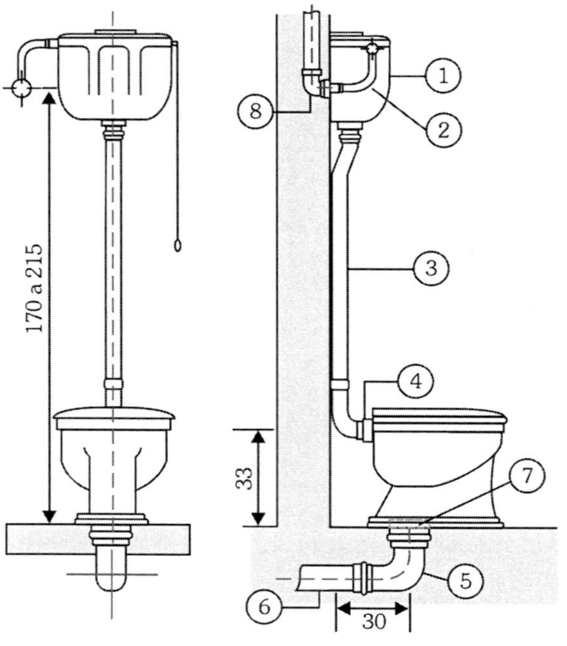

1) Caixa de descarga externa
2) Engate flexível e niple 1/2"
3) Tubo de descarga
4) Bolsa de ligação
5) Curva 90° curta 100 mm (E)
6) Tubo PVC rígido 100 mm (E)
7) Ligação de saída para vaso sanitário
8) Joelho soldável com bucha de latão 20 mm x 1/2" ou joelho soldável de redução com bucha de latão 25 mm x 1/2" (A)

> ***Observação:*** *A altura da entrada de água e a distância da saída do esgoto do vaso sanitário devem ser conferidas conforme o fabricante.*

Bidê

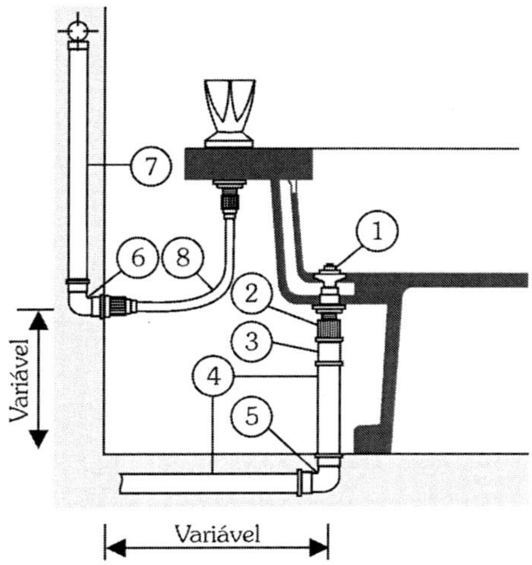

1) Válvula de escoamento
2) Adaptador para válvula
3) Luva (E)
4) Tubo PVC rígido 40 mm (E)
5) Joelho 90° 40 mm (E)
6) Joelho soldável com bucha de latão 20 mm x 1/2" ou joelho soldável de redução com bucha de latão 25 mm x 1/2" (A)
7) Tubo de PVC 25 mm (A)
8) Engate flexível e niple 1/2"

Observação: *A altura da entrada de água e a distância da saída do esgoto variam conforme o fabricante.*

8

Informações Complementares

Cores nas tubulações

A ABNT por meio da NBR 6493/94 e o Ministério do Trabalho por meio da NR 26/78 determinam que todas as tubulações externas para a canalização de líquidos e gases sejam identificadas por cores de acordo com o tipo de fluido, facilitando a sua identificação e evitando acidentes.

Para conhecimento, transcrevemos a seguir parte da NBR 6493/94 que menciona as diferentes cores, a classificação Munsell[11] e seus usos na identificação das tubulações:

Produto	Descrição da cor	Notação Munsell
Água (exceto incêndio)	Verde emblema	2.5 G 3/4
Água (para incêndio)	Vermelho segurança	5 R 4/14
Ar comprimido	Azul segurança	2,5 PB 4/10
Eletroduto	Cinza-escuro	N 3.5
Gases liquefeitos	Cor de alumínio	-----
Gases não liquefeitos	Amarelo segurança	5 Y 8/12
Inflamáveis	Preto	N 1
Materiais fragmentados	Marrom canalização	2.5 YR 2/4

[11] Albert Henry **Munsell**, natural de Boston, Massachusetts, EUA, foi artista plástico e professor que, na primeira década do século XX, organizou as cores num sistema tridimensional conforme as características de luminosidade, tonalidade e saturação. Desta forma, cada cor pode corresponder a um código ou número.

Produto	Descrição da cor	Notação Munsell
Produtos químicos não gasosos	Alaranjado segurança	2.5 YR 6/14
Vácuo	Cinza-claro	N 6.5
Vapor	Branco	N 9.5

Consumo consciente da água

Sendo a água um bem comum a toda vida no planeta e com demanda de consumo cada vez maior em razão dos constantes aumentos da produção, seja industrial ou agrícola, e ainda do número de habitantes, a título de informação e no intuito de maior conscientização trazemos dados que muito ajudarão quanto ao melhor uso da água em favor de um desenvolvimento mais sustentável.

Conforme a organização não governamental WWF Brasil[12], desenvolvimento sustentável é "o desenvolvimento capaz de suprir as necessidades da geração atual, sem comprometer a capacidade de atender as necessidades das futuras gerações. É o desenvolvimento que não esgota os recursos para o futuro".

Neste sentido, apresentamos a seguir dados sobre consumo de água extraídos de um trabalho publicado em 2005, de título "Conservação e reúso da água em edificações", envolvendo a Agência Nacional de Águas (ANA), a Federação das Indústrias do Estado de São Paulo (FIESP) e o Sindicato da Indústria da Construção do Estado de São Paulo (SindusCon-SP)[13].

Quanto ao consumo nos diversos pontos de uma instalação, o trabalho mencionado apresenta o quanto se consome de água por atividade. O quadro seguinte dá uma ideia de que é possível demorar menos no banho, racionalizar a organização na cozinha e a lavagem das roupas. Isso porque são os pontos em que mais se consome água. Lembre-se de que a economia não está somente na água, mas também na quantidade de esgoto que vai para tratamento.

Ponto de consumo	Percentual
Chuveiro	55%
Pia (cozinha)	18%
Lavadora de roupas	11%
Lavatório (banheiro)	8%

---

12 www.wwf.org.br/informacoes/questoes_ambientais/desenvolvimento_sustentavel/

13 A publicação completa pode ser obtida em: www.fiesp.com.br/publicacoes/pdf/ambiente/conservacao_reuso_edificacoes.pdf Impressão: Prol Editora Gráfica, São Paulo, junho de 2005.

Ponto de consumo	Percentual
Bacia sanitária	5%
Tanque	3%

Testes de vazamentos

Os vazamentos muitas vezes não são visíveis e há formas de identificá-los e consertar as suas causas. São testes simples e podem ser feitos por qualquer pessoa, porém os consertos somente devem ser executados por profissionais habilitados e de confiança.

Ramal de entrada (do hidrômetro até a caixa-d'água)

- Feche o registro de entrada de água do reservatório e mantenha aberto o registro de entrada no hidrômetro.
- Feche também, caso tenha, as torneiras alimentadas diretamente com água da rua.
- Marque o ponteiro de leitura no "relógio" do hidrômetro.
- Verifique a posição do ponteiro depois de uma hora.
- Se houver vazamento, o ponteiro marcará outra posição. Neste caso, o vazamento se encontra entre o hidrômetro e a caixa-d'água. Procure sinais de umidade em paredes e pisos ocos.

Válvula de descarga ou caixa de descarga

- Jogue um pouco de borra de café ou cinza no vaso sanitário.
- Verifique se há movimentação da borra ou da cinza.
- Se houver vazamento, haverá movimentação da borra ou da cinza.
- Verifique se há água escorrendo pelas paredes do vaso sanitário. Se houver, regule a válvula de descarga e se existir caixa de descarga, troque a caixa ou seus dispositivos internos de acionamento.

Vazamentos na tubulação alimentada pela caixa-d'água

- Mantenha fechadas todas as torneiras.
- Não utilize os vasos sanitários.
- Marque o nível de água na caixa-d'água.

- Depois de uma hora, verifique o nível da água na caixa-d'água.
- Se houver vazamentos, o nível da água estará abaixo da marca feita. Neste caso, verifique sinais de umidade nas paredes; azulejo com tons mais escuros que os demais é sinal de vazamento. Verifique também se não há vazamentos pelas torneiras e pelo vaso sanitário.

Vazamentos na torneira de boia

- Mantenha fechadas todas as torneiras.
- Não utilize os vasos sanitários.
- Certifique-se de que a caixa-d'água esteja completamente cheia.
- Depois de uma hora, verifique se há vazamentos na tubulação do extravasor ou ladrão da caixa-d'água.
- Se houver vazamento, providencie a substituição da torneira de boia.

Vazamentos em piscinas

- Encha um balde com água da piscina até aproximadamente 5 cm da borda, marcando o nível da água no balde.
- Marque o nível da água da piscina.
- Prenda o balde água da piscina de forma que não possa haver troca de água do balde com a água da piscina. Isso garante que a temperatura da água seja a mesma no balde e na piscina.
- Após 24 horas verifique os níveis de água no balde e na piscina.
- Se houver vazamento na piscina, a diferença no nível de água da piscina estará maior que a diferença de nível da água no balde.
- Se chover nesse intervalo de tempo, o teste deve ser repetido.

Medidas para economia da água

Apresentamos a seguir algumas sugestões que devem ser tomadas para a efetiva redução do consumo de água. Se forem consideradas, essas medidas proporcionam, além de economia, melhor aproveitamento desse recurso em benefício de todos.

Banheiro

- Cinco minutos são suficientes para uma perfeita higienização do corpo. Também se deve adotar o hábito de fechar o registro no momento de se ensaboar. Com esses procedimentos economiza-se em torno de 66% da água.
- Não há necessidade de manter a torneira aberta na hora de escovar os dentes. Procure manter a torneira fechada na hora da escovação.
- Se possível, procure instalar vaso sanitário que necessita de menor tempo de acionamento e procure manter sempre regulada a válvula de descarga, evitando vazamento desnecessário.
- Não jogue lixo no vaso sanitário. Lugar de lixo é no lixo. Detritos desnecessários, tais como absorventes, preservativos, fraldas e algodão podem entupir a rede de esgoto, o que provoca grandes transtornos.
- Outro momento em que se gasta muita água é no momento do barbear e da lavagem do rosto. Procure ser rápido.

Cozinha

- Retire o resto de comida dos pratos e das panelas colocando em lixeiras, antes de iniciar a lavagem desses utensílios. Ensaboe a maior quantidade possível antes de iniciar o enxágue.
- Procure lavar adequadamente as frutas, verduras e legumes. O excesso de água nem sempre é eficiente. Deixe de molho esses alimentos por 15 minutos numa solução de cloro com água e enxágue após esse tempo.
- Procure usar sempre a capacidade máxima da máquina de lavar pratos.

Área de serviço

- Acumule o máximo de roupa suja antes de usar o tanque ou a máquina de lavar roupas. No caso de usar o tanque, a água do molho pode ser utilizada para ensaboar.
- A água do enxágue do tanque e da máquina de lavar roupas pode ser utilizada para a lavagem de calçadas, das áreas de serviço e do quintal.

Jardim

- O uso de regador é mais eficiente e mais econômico do que a mangueira para molhar as plantas.

- Procure regar o jardim e as plantas sempre no início do dia ou à noite. Esses períodos são mais amenos e não prejudicam as plantas.
- No período do inverno, as regas podem ser efetuadas a cada dois dias.

Piscina

- Procure manter a piscina sempre coberta para evitar a evaporação da água pela ação do Sol e do vento. Esse procedimento, além de proporcionar economia de água, garante a segurança, principalmente para as famílias que têm crianças.

Calçada e carro

- Utilize sempre a vassoura para varrer a calçada e as varandas de sua casa e não a água. Utilize a mangueira de água com esguicho somente no final da limpeza.
- Na lavagem do carro utilize um balde com água e pano. O uso de mangueira pode consumir 500 litros de água.
- Preferencialmente, utilize lavadoras de alta pressão. O uso de água é mínimo e possui grande eficiência.

Anotações

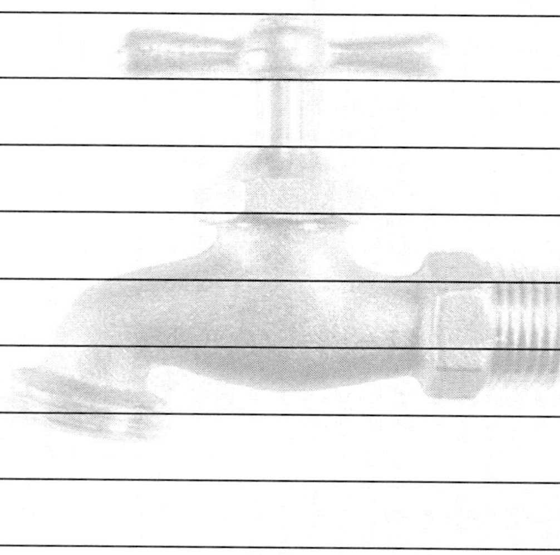

Bibliografia

Associação Brasileira de Normas Técnica. **NBR 5626/98**. Rio de Janeiro, 1998.

______. **NBR 6493/94**. Rio de Janeiro, 1994.

______. **NBR 8160/99**. Rio de Janeiro, 1999.

CREDER, H. **Instalações hidráulicas e sanitárias**. 6.ed. Rio de Janeiro: LTC, 2008.

SALGADO, J.C.P. **Técnicas e Práticas Construtivas para Edificação.** 2.ed. São Paulo: Érica, 2009.

THOMAZ, E. **Tecnologia, gerenciamento e qualidade na construção**. 1.ed. São Paulo: Pini, 2001.

Sites consultados

A. W. Faber-Castell S.A	www.faber-castell.com.br
Agência Nacional de Águas	www.ana.gov.br
Alimaq Máquinas e Ferramentas Ltda.	www.alimaqmix.com.br
Amanco Brasil Ltda.	www.amanco.com.br
Associação Brasileira dos Fabricantes de Chapas para Drywall	http://www.drywall.org.br/
Astra S/A Indústria e Comércio	www.astra-sa.com.br
Astro-Sol Aquecedores	www.astrosol.com.br/pdf/BoilereletricoBP.pdf
Colégio Salesiano Dom Bosco	www.cdb.br
Companhia de Saneamento Básico do Estado de São Paulo	www.sabesp.com.br
Danny Com. Imp. Exp. Ltda.	www.danny.com.br/oculos-de-seguranca-fenix.html
Docol Metais Sanitários Ltda.	www.docol.com.br/produtos_grupos/docolmodulos-10
Duratex S.A. - Deca	www.deca.com.br
Eluma S.A. Indústria e Comércio	www.eluma.com.br
Eternit S.A.	www.eternit.com.br
Fundição Buni Ltda. - Forusi - Metais sanitários	www.forusi.com.br
Hilti do Brasil Coml. Ltda.	www.hilti.com.br
KSB Bombas Hidráulicas S.A.	www.ksb.com.br
Luar Representações Ltda.	www.luarrepresentacoes.com.br
Makita do Brasil Ferramentas Elétricas Ltda.	www.makita.com.br/produtos/produtos.asp?codigo=5
Meditec Ind. de Ferramentas Ltda.	www.bambu.com.br

Metais Esteves S.A.	www.esteves.com.br
Ministério do Trabalho e Emprego	www.mte.gov.br/legislacao/normas_regulamentadoras/default.asp
NIVETEC Instrumentação e Controle Ltda.	www.nivetec.com.br/htm/chnivelboiapera.htm
OVD Importadora e Distribuidora Ltda. Disma Ferramentas	www.dismaferramentas.com.br
OVD Importadora e Distribuidora Ltda. Vonder	www.vonder.com.br/site/defaultFrame.asp?vonder=catalogo
Pex do Brasil Ltda.	www.pexdobrasil.com.br
PINI - Revista Techne	www.revistatechne.com.br/engenharia-civil/122/artigo50117-3.asp
PINI - Revista Techne	www.revistatechne.com.br/engenharia-civil/122/artigo50117-4.asp
Rothenberger do Brasil	www.rothenberger.com.br
SB Com. de Bombas e Assistência Ltda.	www.sbbombas.com.br
Starrett Indústria e Comércio Ltda.	www.starret.com.br
Tigre S.A. - Tubos e Conexões	www.tigre.com.br
Tramontina S.A.	www.tramontina.com.br/produtos/categorias/895-construcao
Viatrade Assessoria Com. Imp. e Exp. Ltda.	www.macroza.com.br
WWF - Fundo Mundial para a Natureza	www.wwf.org.br/informacoes/questoes_ambientais/desenvolvimento_sustentavel/

Marcas Registradas

Todos os nomes registrados, marcas registradas ou direitos de uso citados neste livro pertencem aos seus respectivos proprietários.

Glossário

A seguir, apresentamos o significado dos principais termos utilizados nas instalações hidráulicas. Tal glossário foi obtido da NBR 5626/98 e da NBR 8160/99:

- **Água fria:** água à temperatura dada pelas condições do ambiente.
- **Alimentador predial:** tubulação que liga a fonte de abastecimento a um reservatório de água de uso doméstico.
- **Altura do fecho hídrico:** profundidade da camada líquida, medida entre o nível de saída e o ponto mais baixo da parede ou colo inferior do desconector, que separa os compartimentos ou ramos de entrada e saída desse dispositivo.
- **Aparelho sanitário:** componente destinado ao uso da água ou ao recebimento de dejetos líquidos e sólidos (na maioria das vezes pertence à instalação predial de esgoto sanitário). Incluem-se nessa definição aparelhos como bacias sanitárias, lavatórios, pias e outros, e, também, lavadoras de roupa, lavadoras de prato, banheiras de hidromassagem etc.
- **Bacia sanitária:** aparelho sanitário destinado a receber exclusivamente dejetos humanos.
- **Barrilete:** tubulação que se origina no reservatório e da qual derivam as colunas de distribuição, quando o tipo de abastecimento é indireto. No caso de tipo de abastecimento direto, pode ser considerado como a tubulação diretamente ligada ao ramal predial ou diretamente ligada à fonte de abastecimento particular.
- **Barrilete de ventilação:** tubulação horizontal com saída para a atmosfera em um ponto, destinada a receber dois ou mais tubos ventiladores.
- **Caixa coletora:** caixa onde se reúnem os efluentes líquidos, cuja disposição exija elevação mecânica.
- **Caixa de gordura:** caixa destinada a reter, na sua parte superior, as gorduras, graxas e óleos contidos no esgoto, formando camadas que devem ser removidas periodicamente, evitando que esses componentes escoem livremente pela rede, obstruindo a mesma.

- **Caixa de inspeção:** caixa destinada a permitir a inspeção, limpeza, desobstrução, junção, mudanças de declividade e/ou direção das tubulações.
- **Caixa de passagem:** caixa destinada a permitir a junção de tubulações do subsistema de esgoto sanitário.
- **Caixa sifonada:** caixa provida de desconector, destinada a receber efluentes da instalação secundária de esgoto.
- **Camisa:** disposição construtiva na parede ou piso de um edifício, destinada a proteger e/ou permitir livre movimentação à tubulação que passa no seu interior.
- **Coletor predial:** trecho de tubulação compreendido entre a última inserção de subcoletor, ramal de esgoto ou de descarga, ou caixa de inspeção geral e o coletor público ou sistema particular.
- **Coletor público:** tubulação da rede coletora que recebe contribuição de esgoto dos coletores prediais em qualquer ponto ao longo do seu comprimento.
- **Coluna de distribuição:** tubulação derivada do barrilete e destinada a alimentar ramais.
- **Coluna de ventilação:** tubo ventilador vertical que se prolonga através de um ou mais andares e cuja extremidade superior é aberta à atmosfera, ou ligada a tubo ventilador primário ou a barrilete de ventilação.
- **Diâmetro nominal (DN):** simples número que serve como designação para projeto e para classificar, em dimensões, os elementos das tubulações, e que corresponde, aproximadamente, ao diâmetro interno da tubulação em milímetros.
- **Dispositivo de inspeção:** peça ou recipiente para inspeção, limpeza e desobstrução das tubulações.
- **Dispositivo de prevenção ao refluxo:** componente, ou disposição construtiva, destinado a impedir o refluxo de água em uma instalação predial de água fria, ou desta para a fonte de abastecimento.
- **Esgoto industrial:** despejo líquido resultante dos processos industriais.
- **Esgoto sanitário:** despejo proveniente do uso da água para fins higiênicos.

- **Fecho hídrico:** camada líquida, de nível constante, que em um desconector veda a passagem dos gases.
- **Galeria de serviços:** espaço fechado, semelhante a um duto, mas de dimensões tais que permitam o acesso de pessoas ao seu interior através de portas ou aberturas de visita. Nele são instalados tubulações, componentes em geral e outros tipos de instalações.
- **Instalação elevatória:** sistema destinado a elevar a pressão da água em uma instalação predial de água fria, quando a pressão disponível na fonte de abastecimento for insuficiente, para abastecimento do tipo direto, ou para suprimento do reservatório elevado no caso de abastecimento do tipo indireto. Inclui também o caso onde um equipamento é usado para elevar a pressão em pontos de utilização localizados.
- **Instalação predial de água fria:** sistema composto por tubos, reservatórios, peças de utilização, equipamentos e outros componentes, destinado a conduzir água fria da fonte de abastecimento aos pontos de utilização.
- **Instalação primária de esgoto:** conjunto de tubulações e dispositivos onde têm acesso gases provenientes do coletor público ou dos dispositivos de tratamento.
- **Instalação secundária de esgoto:** conjunto de tubulações e dispositivos onde não têm acesso os gases provenientes do coletor público ou dos dispositivos de tratamento.
- **Metal sanitário:** expressão usualmente empregada para designar peças de utilização e outros componentes utilizados em banheiros, cozinhas, áreas de serviço e outros ambientes do gênero, fabricados em liga de cobre. Exemplos: torneiras, registros de pressão e gaveta, misturadores, válvulas de descarga, chuveiros e duchas, bicas de banheira.
- **Nível de transbordamento:** nível do plano horizontal que passa pela borda do reservatório, aparelho sanitário ou outro componente. No caso de haver extravasor associado ao componente, o nível é aquele do plano horizontal que passa pelo nível inferior do extravasor.
- **Peça de utilização:** componente na posição a jusante do sub-ramal que, através de sua operação (abrir e fechar), permite a utilização da água e, em certos casos, permite também o ajuste da sua vazão.

- **Ponto de suprimento:** extremidade a jusante de tubulação diretamente ligada à fonte de abastecimento que alimenta um reservatório de água para uso doméstico.
- **Ponto de utilização (da água):** extremidade a jusante do sub-ramal a partir de onde a água fria passa a ser considerada água servida. Qualquer parte da instalação predial de água fria, a montante desta extremidade, deve preservar as características da água para o uso a que se destina.
- **Ralo seco:** recipiente sem proteção hídrica, dotado de grelha na parte superior, destinado a receber águas de lavagem de piso ou de chuveiro.
- **Ralo sifonado:** recipiente dotado de desconector, com grelha na parte superior, destinado a receber águas de lavagem de pisos ou de chuveiro.
- **Ramal:** tubulação derivada da coluna de distribuição e destinada a alimentar os sub-ramais.
- **Ramal predial:** tubulação compreendida entre a rede pública de abastecimento de água e a extremidade a montante do alimentador predial ou de rede predial de distribuição. O ponto onde termina o ramal predial deve ser definido pela concessionária.
- **Ramal de descarga:** tubulação que recebe diretamente os efluentes de aparelhos sanitários.
- **Ramal de esgoto:** tubulação primária que recebe os efluentes dos ramais de descarga diretamente ou a partir de um desconector.
- **Ramal de ventilação:** tubo ventilador que interliga o desconector, ou ramal de descarga, ou ramal de esgoto de um ou mais aparelhos sanitários a uma coluna de ventilação ou a um tubo ventilador primário.
- **Rede predial de distribuição:** conjunto de tubulações constituído de barriletes, colunas de distribuição, ramais e sub-ramais, ou de alguns destes elementos, destinado a levar água aos pontos de utilização.
- **Rede pública de esgoto sanitário:** conjunto de tubulações pertencentes ao sistema urbano de esgoto sanitário, diretamente controlado pela autoridade pública.
- **Refluxo de água:** escoamento de água ou outros líquidos e substâncias, proveniente de qualquer outra fonte, que não a fonte de abastecimento prevista, para o interior da tubulação destinada a conduzir água dessa fonte. Incluem-se, neste caso, a retrossifonagem,

bem como outros tipos de refluxo, como, por exemplo, aquele que se estabelece através do mecanismo de vasos comunicantes.

- **Registro de fechamento:** componente instalado na tubulação e destinado a interromper a passagem da água. Deve ser usado totalmente fechado ou totalmente aberto. Geralmente, empregam-se registros de gaveta ou registros de esfera. Em ambos os casos, o registro deve apresentar seção de passagem da água com área igual à da seção interna da tubulação onde está instalado.
- **Registro de utilização:** componente instalado na tubulação e destinado a controlar a vazão da água utilizada. Geralmente empregam-se registros de pressão ou válvula-globo em sub-ramais.
- **Retrossifonagem:** refluxo de água usada, proveniente de um reservatório, aparelho sanitário ou de qualquer outro recipiente, para o interior de uma tubulação, devido à sua pressão ser inferior à atmosférica.
- **Separação atmosférica:** separação física (cujo meio é preenchido por ar) entre o ponto de utilização ou ponto de suprimento e o nível de transbordamento do reservatório, aparelho sanitário ou outro componente associado ao ponto de utilização.
- **Sifão:** desconector destinado a receber efluentes do sistema predial de esgoto sanitário.
- **Sistema predial de esgoto sanitário:** conjunto de tubulações e acessórios destinados a coletar e transportar o esgoto sanitário, garantir o encaminhamento dos gases para a atmosfera e evitar o encaminhamento dos mesmos para os ambientes sanitários.
- **Subcoletor:** tubulação que recebe efluentes de um ou mais tubos de queda ou ramais de esgoto.
- **Sub-ramal:** tubulação que liga o ramal ao ponto de utilização.
- **Tubo de queda:** tubulação vertical que recebe efluentes de subcoletores, ramais de esgoto e ramais de descarga.
- **Tubo ventilador:** tubo destinado a possibilitar o escoamento de ar da atmosfera para o sistema de esgoto e vice-versa ou a circulação de ar no interior do mesmo, com a finalidade de proteger o fecho hídrico dos desconectores e encaminhar os gases para atmosfera.
- **Tubulação:** conjunto de componentes basicamente formado por tubos, conexões, válvulas e registros, destinado a conduzir água fria.

- **Tubulação de extravasão:** tubulação destinada a escoar o eventual excesso de água de reservatórios onde foi superado o nível de transbordamento.
- **Tubulação de limpeza:** tubulação destinada ao esvaziamento do reservatório, para permitir sua limpeza e manutenção.
- **Tubulação de ventilação primária:** prolongamento do tubo de queda acima do ramal mais alto a ele ligado e com extremidade superior aberta à atmosfera situada acima da cobertura do prédio.
- **Tubulação de ventilação secundária:** conjunto de tubos e conexões com a finalidade de promover a ventilação secundária do sistema predial de esgoto sanitário.
- **Uso doméstico da água:** uso da água para atender às necessidades humanas, ocorrentes em edifício do tipo residencial; entre elas incluem-se aquelas atendidas por atividades como: preparação de alimentos, higiene pessoal, cuidados com roupas e objetos domésticos, cuidados com a casa, lazer e passatempo e outros como combate ao fogo e manutenção de instalações prediais.
- **Vazão de projeto:** valor de vazão, adotado para efeito de projeto, no ponto de utilização ou no ponto de suprimento. No caso de ponto de utilização, corresponde à consolidação de um valor historicamente aceito, referente ao maior valor de vazão esperado para o ponto.

Índice remissivo

A

Aberturas de ventilação, 76
Água
    origem, 15
    tratamento, 17
Aquecimento central
    elétrico, 78
    gás, 82
    solar, 79
Aquecimento por passagem
    elétrico, 77
    gás, 75

B

Bacia hidrográfica, 16
Bidê, 157
Boiler, 77- 79
Bolhas de ar, 53
Bombas
    controle, 70
    escorva, 69
    instalação, 68
    tipos, 67

C

Caixa(s) de
    descarga, 156
    gordura, 122
    inspeção, 119
    passagem, 121
    retenção, 120
Chaminé de exaustão, 77
Chuveiro, 155
Cisternas, 66
Comprimento de corte
    esgoto, 104
Conexões
    azul, 32
    desvio de direção, 35
    emendas, 37
    ligação de aparelhos, 36
    redução de diâmetro, 35
    reservatórios, 34
    roscáveis, 33
    soldáveis, 33
Cores nas tubulações, 159
CPVC, 92
Cuidados e manutenção
    aquecedores, 95
    gás, 95

D

Decantação, 17
    primária, 19
    secundária, 19
Desarenação, 19
Desenvolvimento sustentável, 164
Detalhe
    boiler, 142
    reservatório, 142
Dilatação térmica, 52
Distribuição
    direta, 23
    indireta, 23
    mista, 25
Drywall, 64, 132

E

Economia da água, 166
Equipamentos para corte, 128, 137
Esgoto
    conexões com anel, 103
    conexões soldáveis, 103
    posicionamento das conexões, 105
    primário, 98
    secundário, 98
    tratamento, 18
    tubos e conexões, 99

F

Fecho hídrico, 107
Filtração, 18
Floculação, 17
Fossa séptica, 20
Furação da caixa, 48

G

Glossário, 159
Golpe de aríete, 29

H

Hidrômetro, 45

I

Instalação, 53
    tubos de cobre, 83

Insumos, 72
esgoto, 126
instalação água quente, 97
Interpretação
esgoto, 147
projeto, 143
Isométrico, 141, 149

J

Junta de expansão, 92

L

Lavatório
com sifão, 154
de coluna, 155
Legendas, 140
água, 144
esgoto, 149
Ligação
água para consumo, 49
extravasor, 50
limpeza, 49, 50

M

Manifold, 131
Motobomba em cisterna, 154
Munsell, 158

P

Perda de carga, 30
Pia de cozinha, 153
Placas coletoras, 80
Planta baixa, 140
água, 141
esgoto, 144
Ponta azul, 43
Pontos para
conexão esgoto, 106
consumo, 62
PPR, 129
Pressão, 25
dinâmica, 30
estática, 30
Procedimentos, 53
e cuidados
esgoto, 125
Prolongadores, 62
PVC mineralizado, 132

R

Ralos
instalação, 112
secos, 111
sifonados, 109
Registro de
esfera, 41
gaveta, 40
pressão, 39
Reparo
registro de pressão, 39
Reservatórios, 47
Reúso da água, 164
Revestimento térmico, 91

S

Sifões, 116
instalação, 118
Sistema PEX, 131
Solda
procedimento, 90
Soldagem capilar, 90
Sumidouro, 21

T

Tanque séptico, 20
Tê misturador
roscável, 92
solda, 93
Testes, 71
Torneira de boia, 40
Torneiras, 44
Tubo
de ventilação, 108
guia, 132
Tubulação enterrada, 51, 123

V

Valas de infiltração, 22
Válvula(s) de
descarga, 42
escoamento, 115
retenção, 115
Vaso sanitário, 153
Vazamentos, 165
Vazão, 25
Velocidade, 25